4차원의 세계

초공간에서 상대성이론까지

쓰즈키 다쿠지 지음
김명수 옮김

KB179288

전파과학사

머리말

「차원」이라는 말은 평상시에도 잘 쓰인다. 예를 들면 「이것을 더 높은 차원에서 보면」이라든가 「그들은 낮은 차원의 토론밖에 못 한다」 등이다. 그러나 원래는 전문용어이며, 공간의 성질을 연구하는 기하학으로 정의되어야 한다. 우리는 「이제 겨우 서막에 지나지 않는다」, 「하나의 분수령을 이루었다」, 「그는 불순분자이다」 등의 말을 많이 쓰고 있으나 원래는 각각 연극, 지리학, 물리학에서 온 말인 것과 마찬가지이다.

1차원은 선, 2차원은 면이며, 3차원은 입체이다. 가로, 세로, 높이가 있는 공간이 3차원이며 우리가 살고 있는 곳이 여기에 속한다.

간단한 정수는 어린이도 다 셀 줄 아는 것처럼 1, 2, 3 다음은 4이다. 따라서 3차원 다음은 형식적으로는 4차원이 된다. 그런데 우리 주변에 4차원의 공간이 있을까? 아무 데도 없는 것 같다. 정수 쪽은 4, 5, 6…으로 어디까지나 계속되는데 왜 차원만은 3에서 멎어야 하는가? 4 이상을 거부하는 것은 무엇인가? 그렇지 않으면 4차원 세계가 현실적으로 존재할까?

초등학교 어린이 수준으로 수를 셀 줄 알고, 또 공간에 대해 생각해 본 일이 있는 사람이라면 한 번쯤 이상하게 생각해 볼 법한 의문이다.

어떤 기회에 4차원 공간에 대한 이야기가 나와서 미국의 오래된 기하학 책을 보았는데, 4차원 공간 또는 더 일반적으로 n차원 공간의 연구는 오래전부터 기하학의 연구의 한 부분이었다. 3차원까지는 사람의 머리로 상상할 수 있지만(또는 모형적으로 만들 수 있지만) 4차원 이상의 연구는 전적으로 수식 위에서만 그친다. 가령 모형은 없을지라도 식으로 푸는 것은 그리 어려운 일이 아니며 그런 책은 더러 나와 있다. 그러나 이렇게 되면 재미가 없다.

그래서 처음에는 만들 수 없는 모형을 글로 써 보려고 4차원 기하학에 대한 원고를 쓰기 시작하였다. 그런데 써가는 동안 솔직히 말해 흥이 나지 않았다. 예를 들면

「모서리의 길이가 L인 정육면체의 부피는 L^3이다. 마찬가지로 생각하면 4차원 정육면체(이것을 초정육면체라고 하자)의 부피는 L^4이다.」

이것이 4차원 기하학이다. 틀림없이 그럴지는 모르겠으나 어쩐지 재미없다. 필자가 재미없는데 읽는 사람이라고 재미있을 리 없다.

그래서 4차원 세계를 다른 각도에서 검토해 보기로 했다. 많은 사람이 알고 싶어 하는 것은 4차원 공간의 기하학적 성질이라는 형식론이 아니고, 정말 이 세상은 4차원인지 아닌지 하는 현실론일 것이다. 격식을 갖춘 기하학의 공식을 늘어놓는 것보다 「우리가 살고 있는 세계는 이렇다」는 진실을 말하는 편이 훨씬 실속이 있겠다. 그래서 기하학을 최소한으로 줄이고 거기에서 자연계를 상대로 하는 연구, 즉 물리학 쪽으로 방향을 돌렸다.

공간의 차원을 근본적으로 비판하는 경우에는 상대성이론을 말하지 않을 수 없다. 이 책의 처음 세 장은 4차원의 기초지식으로서 기하학을 중요시하였으나, 나중 네 장에서 이야기의 바

탕이 되는 것은 상대성원리이다. 상대성이론에 정면으로 접근하는 것은 피하고 「차원」이라는 입장을 주체로 설명하였다.

고등학생도 이해할 수 있도록 썼기 때문에 다소 이야기 투가 지루할 수도 있겠지만 그런대로 읽어 주기를 바라는 바이다.

쓰즈키 다쿠지(都筑卓司)

차례

프롤로그

1968년 6월 1일 한밤중 두 대의 고급 승용차가 남아메리카 아르헨티나의 수도 부에노스아이레스의 교외를 달리고 있었다. 6월이라면 남아메리카는 슬슬 겨울로 접어드는 계절이었다. 그러나 아르헨티나의 해안 지대에서는 뼈까지 스며드는 추위를 경험하는 일은 거의 없다. 적도와의 거리로 치면 부산과 비슷하지만 제일 추운 7월에도 평균 기온은 10℃를 유지한다. 거꾸로 한여름인 1월에도 25℃를 넘는 날이 드물다. 아마 대서양의 해류가 기온 조절 역할을 하기 때문일 것이다.

그러나 이 해류가 문제다. 아프리카 서해안에서 적도 바로 아래를 서쪽으로 흐르는 난류는 남아메리카 동해안의 삼각형의 꼭짓점 부분인 브라질의 블랑코곶에 부딪친다. 주류(主流)는 그대로 남아메리카의 해안을 따라 서북으로 흘러 쿠바, 플로리다를 거쳐 미국의 동해안을 씻어 내린다. 이것이 멕시코 만류이다. 한편 블랑코곶에 충돌한 난류의 일부는 삼각형의 다른 한 변을 따라 남서로 향한다. 이것이 브라질 해류이며, 리우데자네이루에서 우루과이의 몬테비데오 부근까지 이른다. 이것과는 반대로 태평양의 남부를 동쪽으로 향해 흐르는 한류는 남아메리카의 남단 혼곶을 스쳐, 일부는 아르헨티나의 해안을 따라 북으로 흐른다. 이리하여 한난 양류(兩流)는 아르헨티나와 우루과이의 경계, 라플라타강의 하구에서 격렬하게 부딪친다. 난류와 한류가 충돌하는 곳은 안개가 많이 발생한다.

두 대의 승용차가 달리던 그날 밤도 주위에는 깊은 안개가

졌다. 뒤차에는 부에노스아이레스에 사는 변호사 제럴드 비들 씨와 라포 부인, 앞차에는 그의 친구 부부가 타고 있었다. 그들은 부에노스아이레스의 남쪽에 있는 차스코무스시의 남쪽으로 150㎞ 거리에 있는 마이푸시의 친지를 방문하기 위해 밤을 무릅쓰고 차를 달렸다.

아르헨티나의 서부는 험한 안데스산맥에 가로막혀 있으나 중앙부에서 동부에 걸쳐 대평원이 이어져 있어 남아메리카에서 제일가는 곡창이기도 하다. 도로는 끝없이 뻗은 밀밭 속을 뚫고 다시 모래먼지가 이는 황야를 곧게 가로지른다. 그런데 앞차가 너무 빨리 달렸는지 혹은 변호사 부부의 차 엔진 속력이 나지 않았는지 두 승용차의 거리가 많이 멀어졌다.

앞차가 마이푸시의 교외에 들어섰을 즈음에 친구 부부가 뒤돌아보았더니 뒤쪽은 짙은 안개에 싸여 불빛 하나 볼 수 없었다. 그래서 차를 세우고 뒤따라오는 변호사 부부를 기다리기로 했다. 3분이 지나도, 한 시간을 기다려도 안개 속에서는 아무 것도 나타나지 않았다. 길은 평탄하고 갈림길도 없었는데, 의아해하면서 되돌아가 보았으나 엇갈리는 차는 한 대도 없었고 길가에 서 있는 차도 없었다. 다시 말해 변호사 부부가 탄 차는 고속도로를 달리던 중에 홀연히 증발해 버린 것이다.

이튿날 아침 친척과 친구들이 모두 나서서 차스코무스시와 마이푸시 사이를 샅샅이 찾았다. 그러나 도로를 끼고 동서로 끝없이 뻗은 지평선에서는 사람도, 차도, 그럴싸한 그림자조차도 찾을 수 없었다.

이틀이 지나 별수 없이 경찰에 알리려고 할 즈음 멕시코에서 장거리 전화가 걸려 왔다.

〈그림 1〉 기괴한 사건의 무대가 된 차스꼬무스시와
멕시코시티

「여기는 멕시코시티에 있는 아르헨티나 영사관입니다. 비들 변호사 부부라고 하는 남녀를 보호하고 있습니다. 짐작 가는 일이 없습니까?」

놀라서 본인들과 통화할 수 있도록 해 달라 하였더니 틀림없이 행방불명이 된 비들 변호사의 목소리였다. 정말로 6월 3일에 변호사 부부가 멕시코시티에 있었던 것이다.

이윽고 아르헨티나에 들어온 부부의 이야기를 들어 보았더니 참으로 불가사의라고 말할 수밖에 없는 사건이었다. 뒤따르던 변호사의 차가 차스꼬무스시를 떠난 지 얼마 안 되어 밤 12시 10분쯤, 갑자기 차 앞에 하얀 안개 같은 것이 나타나 아차 하

는 사이에 차를 둘러쌌다고 한다. 당황하여 브레이크를 밟을
겨를도 없이 변호사도 부인도 그대로 기절해 버렸다고 한다.

얼마쯤 지났을까, 두 사람은 거의 동시에 정신을 차렸는데
그때는 벌써 대낮이었고 차는 고속도로를 달리고 있었다고 한
다. 단지 창으로 보는 경치가 아르헨티나의 평원과는 아주 달
랐다. 걸어가는 사람들의 옷 모양도 낯선 것이 많았다. 곧 차를
세우고 물어보았더니 놀랍게도 멕시코라고 했다.

「이런 어처구니 없는……」이라고 생각하면서 차를 달리자 거
리도 건물도 틀림없는 멕시코시티였다. 두 사람은 그대로 아르
헨티나 영사관에 달려가 도움을 청했다. 두 사람의 시계는 기
절한 시각인 12시 10분에 멎어 있었으나, 영사관에 뛰어 들어
간 날이 6월 3일인 것은 그들이 조금은 침착을 되찾은 뒤에
알았다.

참으로 거짓말 같은 이야기였다. 그러나 변호사는 인간적으
로나 사회적으로나 충분히 믿을 만한 사람이었다. 다만 부인은
이 사건의 충격으로 노이로제에 걸려 입원하였다고 한다.

아르헨티나의 차스코무스시에서 멕시코시티까지는 직선거리로
도 6,000㎞ 이상 되며 배, 기차, 자동차 중 어떤 것을 이용해
도 절대로 이틀 안에 도착할 수 없다. 두 사람이 비행기로 날아
갈 수 있었다고 해도 승용차까지 멕시코에 나타났다는 것은 아
무튼 기이한 일이었다. 그러나 아르헨티나의 멕시코 주재 영사
라파엘 벨그리 씨는 「이 사건은 사실이다」라고 말했다. 현지의
신문은 이 사건을 「Teleportation from Chascomus to
Mexico」라는 표제를 붙여 크게 보도하였다. 「Teleportaion」이
란 낱말은 보통 사전에는 나와 있지 않으나 단순한 수송(輸送)

과 달라 이 사건에 꼭 맞는 말이다. 「trans-」가 붙으면 난다는 느낌이 나지만 「tele-」(원거리 조작의)는 어떤 초자연적인 것이 먼 곳에서 조종하여 인간 세계에 뜻밖의 불가사의를 일으킨다는 뜻이 강하다. 그래서 이 사건을 믿는 사람들은 「아마 비들 변호사 부부는 갑자기 생긴 공간의 구멍, 즉 아르헨티나에서 멕시코로 통하는 공간의 파이프에 말려들어 4차원의 세계를 지나 다시 현실 공간으로 되돌아왔을지 모른다」고 말했다.

이상은 어느 어린이 잡지에 실린 이야기이다. 군데군데 그럴싸한 고유명사가 나오지만 어디까지가 진실인지 알 수 없다. 또 두 사람과 자동차가 이틀 동안 6,000㎞ 이상이나 텔레포트 되었다고 믿을 수도 없다. 이야기는 어디까지나 이야기이며 사실과 구별하여 생각해야 한다.

단지 흥미 있는 것은 끝에 나오는 「4차원의 세계」라는 말이다. 우리가 사는 공간은 3차원이며, 4차원의 세계란 어떤 것인지 짐작도 가지 않는다. 하물며 그런 것이 이 세상 어딘가에 존재하는지 아닌지 아무도 명확한 답을 주지 못한다. 따라서 4차원이란 항상 수수께끼이며, 상식으로는 풀 수 없는 신비적인 것으로 사람들의 마음속에 숨어 있다. 그리고 이따금 일어나는 기괴한 사건을 푸는 열쇠로 들추어진다. 어떤 기괴한 사건을 4차원 공간 탓이라고 하면 사람들은 체념하고 납득하고, 또 「왜」라는 질문 대신 현실을 넘어선 거대한 메커니즘 앞에 감탄하고 굴복한다.

또 4차원 공간은 공상과학 소설의 안성맞춤인 소재가 된다. 만약 4차원 공간이 있다면 우리가 사는 3차원 세계 바로 옆에

4차원 세계의 괴물이 나타났다

있을지 모른다. 반드시 깊은 바다 밑이나 동굴 속일 필요는 없다. 눈앞에 있던 사람이 갑자기 없어지고 4차원의 구멍에 빠져 버둥거린다는 등의 얘기는 TV나 영화 같은 데서 잘 쓰이는 수법이다.

필자도 어릴 적 이런 종류의 SF(공상과학 소설, 그때는 이렇게 말하지 않았지만)에 마음을 빼앗긴 한 사람이다. 예를 들어 X국의 함대가 대열을 짓고 당당히 태평양을 건너왔다. 36㎝의 함포는 수평선 위에 나타날 적함에 일제사격을 퍼부을 태세로 고개를 쳐들고 있다. 그때 갑자기 맨 앞 군함이 공중으로 높이 솟는다. 4차원의 괴물이 나타났다. 그 괴물에게 바다에 뜬 전함을 들어 올리는 것쯤은 문제가 아니다. 아무튼 큰 군함이 공중에 뜨고 갑판에서 바닷물이 흘러내리던 삽화는 퍽 놀라웠고 지금도 머릿속에 강하게 남아 있다.

4차원의 세계란 정말 존재할까? 만약 있다면 어떤 메커니즘을 가졌을까? 또 그 메커니즘은 얼마만 한 능력을 가졌을까?

픽션은 픽션으로 일단 두고, 4차원이란 어떤 것인가를 알아보는 것이 이 책의 목적이다. 당연히 수학, 특히 기하학의 기초부터 출발해야 한다. 그러나 수학적 이론만으로는 아무래도 형식론에 빠지기 쉽다. 우리가 궁금해하는 것은 이 세상에 정말 4차원이 있는가, 없는가 하는 데 있다. 그리고 이 세상, 즉 자연계를 조사하는 것이 자연과학이다. 이런 의미에서 물리학의 입장에서 이 문제를 생각할 필요가 있다. 따라서 「4차원의 세계」는 수학적 형식과 물리적 실측의 두 가지 관점에서 고찰해야 할 문제이다.

1장

차원이란 무엇인가?

1차원의 세계

극단적으로 좁은 외길이 있다고 하자. 길 양쪽은 수렁이다. 사람도 말도, 차와 돌멩이도 이 수렁에 빠지면 끝장나고 만다. 무섭고 끝없는 수렁이다. 목숨이 아까우면 길에서 한 발자국도 벗어날 수 없다.

이 외길을 A라는 사람이 북쪽에서 남쪽으로 곧장 걸어온다. 그는 큰 바위가 길을 막고 있는 것을 알았다. 바위는 커서 도저히 넘을 수 없다. 그렇다고 오른쪽이나 왼쪽으로 돌아가려 하면 수렁에 빠진다. 즉, 그는 이 바위를 넘어 남쪽으로는 절대로 갈 수 없다.

할 수 없이 되돌아가려던 그는 B가 같은 길을 오고 있는 것을 보았다. 이 길 위에서 두 사람은 부딪치더라도 서로 엇갈려 지나칠 수는 없다. 말하자면 두 사람은 주판알과 같은 운명에 놓인 것이다.

실은 「차원」을 어떤 쉬운 말로 정의하는 것은 간단하지 않다. 그러나 앞의 비유에서 「1차원의 공간」을 상상하는 것은 어렵지 않다. 넓은 공간 속에서 직선에만 생각을 한정하면 거기가 1차원의 공간이다. 직선처럼 폭도 없고, 두께도 없고, 단지 한 방향의 연장만이 있는 공간이 1차원의 공간이다.

우리는 공간을 막을 때 칸막이나 벽 같은 평면을 쓰는데, 1차원의 직선을 2분하는 것은 단지 점이다. 앞의 예에서는 돌을 썼는데 직선에 한정된 공간에서는 그 점을 넘어설 수도 지나칠 수도 없다.

보통 1차원의 공간이라고 하면 공간 속의 한 직선을 가리킨다. 그러나 「1차원의 세계」라면 어디까지나 직선의 연장밖에 없는 세계를 말하며, 실은 더 넓은 세계가 있으나 그 일부를 가리킨다는 뜻이 아니다.

연필로 한 직선을 그리고 선의 굵기를 0으로 가정하자. 이것은 「1차원」이지만 「1차원의 세계」라고 생각할 수 없다. 앞의 주판알도 1차원 동작의 좋은 예이지만 1차원의 세계가 아니다. 1차원의 세계란 우리가 추상하고 가상한 하나의 세계일 뿐이다.

만약 1차원의 세계가 있다면 그 세계의 생물에게는 외길밖에 없다. 인간이라면 수렁을 메우든가 헬리콥터를 써서라도 길을 가로막는 바위를 넘어가겠지만, 세로나 가로로 우회할 수 없는 1차원의 생물에게는 방해물 앞까지가 행동 가능한 세계의 전부이다. 그들의 세계에는 세로나 가로라는 개념조차 없다. 물체의 크기는 단지 길이밖에 없다. 1차원 세계에서 「Miss 1차원」의 심사 대상이 되는 것은 신장뿐이다. 바스트도 웨스트도 없다.

2차원의 세계

외길을 걸어가고 있는 사람 앞에 큰 바위가 길을 막고 있다. 그런데 길 양쪽이 수렁이 아니고 운동장처럼 단단한 땅이었다면 어떨까? 그는 바위의 오른쪽 또는 왼쪽으로 마음대로 돌아 무난히 앞으로 갈 수 있다. 뿐만 아니라 통행이 자유로운 운동장이라면 굳이 길을 따라 가지 않고도 목적지를 향해서 최단거리를 가로지르면 된다.

이렇게 가로세로가 있는 평면 안에서 행동할 수 있을 때 이것을 「2차원적인 동작」이라 한다. 2차원의 공간에는 세로의 연장과 가로의 확대 두 가지, 즉 넓이가 있다. 따라서 그 안에서의 행동은 1차원에 비해 훨씬 자유롭다.

그런데 운동장에 서 있는 그의 주위를 바리케이드로 둘러싸면 어떻게 될까? 그 모양이 원이건 네모건 그는 울타리에서 밖으로 나갈 수 없다. 그의 행동은 바리케이드의 내부에 한정되어 버린다.

2차원의 세계가 있다면 거기에 사는 생물은 「공간」을 「평면적인 확대」로밖에 해석하지 못한다. 이른바 두께라는 생각은 그 생물의 머릿속에 없다. 머릿속뿐만 아니라 현실에도 그런 세계는 존재하지 않는다.

그 생물의 행동 범위를 한정시키려면 주위를 곡선으로 둘러싸 버리면 된다. 2차원의 세계에서는 그려진 폐곡선(閉曲線)을 뛰어넘어 바깥으로 나가려고 생각하지 못한다. 뿐만 아니라 선을 그음으로써 두 부분이 교류할 수 없는 세계를 2차원의 세계라고 한다.

2차원의 세계도 1차원의 세계와 마찬가지로 가상적인 것이다. 그러나 2차원은 1차원에 비해 공간적인 개념이 상당히 다르다. 공간적인 형태를 연구하는 학문을 기하학이라고 하는데 1차원에서 2차원으로 옮기면 기하학적 내용은 비약적으로 커진다.

여기서 간단한 기하학의 용어를 써서 얘기하겠다. 1차원에서는 형태로는 선분(또는 직선, 반직선), 양으로는 길이가 있을 뿐이다. 그런데 2차원에서는 길이 외에 넓이라는 공간량이 문제가 된다. 또 형태로서는 여러 가지 모양의 삼각형, 사각형 또는 다각형, 곡선으로 둘러싸인 원이나 타원도 있다. 포물선이나 쌍곡선, 더 나아가서 각도, 곡률 등 여러 가지 기하학적 개념의 도입도 평면적인 확대만 있으면 충분하다.

1차원의 생물이 있다고 하자. 직선 도중에 방해물인 바위가

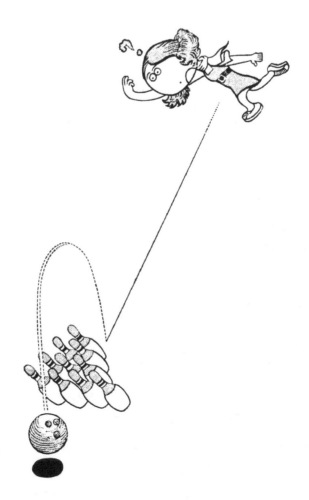

2차원 세계에서의 기적

있다. 그는 이쪽에 있는 물체를 바위 저쪽으로 가져갈 능력이
없다. 그때 2차원의 생물이 왔다. 2차원의 생물에게 그 물체를
들고 바위를 돌아 직선 저쪽에 놓는 것은 아무것도 아니다. 그

러나 이 행동을 1차원의 생물이 보았다면 어떻게 생각할까? 1
차원의 세계는 직선 위밖에 없다. 그러므로 2차원의 생물이 물
체를 직선에서 집는 순간 그 물체는 1차원 생물의 시야에서 사
라질 것이다. 잠시 있다가 이 물체는 바위 저쪽에 홀연히 모습
을 나타낸다. 2차원의 생물에게는 당연한 일이지만 1차원의 생
물에게는 얼토당토않은 괴기한 사건으로 비친다.

3차원의 세계

우리가 사는 세계는 1차원도 2차원도 아닌 3차원이다. 가령
우리는 들판 가운데서 바리케이드에 둘러싸여도 그것을 넘어서
탈출하는 방법을 알고 있다. 벽이 높으면 장대를 잡고 뛰어넘
거나 벽에 기어올라도 되고, 헬리콥터나 기구(氣球)를 써서라도
탈출할 수 있다.

그러나 이런 일은 2차원의 생물이 보면 놀랄 일이다. 폐곡선
속에 갇힌 물체가 갑자기 없어졌다가 곡선 밖에 모습을 보인
다. 곡선의 어느 부분도 깨지지는 않았다. 우리에게 당연한 일
이 2차원의 생물에게는 이해할 수 없는 현상이 된다.

우리가 사는 세계는 3차원이다. 이 세상의 것은 세로, 가로,
높이의 세 방향으로 늘었다, 줄었다 할 수 있다. 공간적인 양으
로는 길이, 넓이 외에 부피가 문제가 된다. 선분의 길이를 L이
라 할 때 1차원에서 문제가 되는 양은 길이 자체인 L이지만(L
을 L^1으로 쓸 수 있다), 2차원에서 정사각형의 넓이는 L^2, 3차
원에서 정육면체의 부피는 L^3이다. L의 어깨에 달린 숫자가 차
원의 수라고 생각하면 된다. 3차원에서는 2차 원기하학에 없었
던 정육면체, 직육면체와 그 밖의 다면체, 구, 타원체 또는 원

기둥, 원뿔 등이 새로 등장한다.

아키아브의 원기둥 작전

여담이지만 비행기에서 창으로 지상을 내려다보면 사람의 생활이 얼마나 지면에 밀착해 있는가를 새삼 느끼게 된다. 몇십 층의 빌딩이나 몇백 미터의 탑이 세워졌어도 하늘에서 보면 하찮은 높이에 지나지 않는다. 집도 공장도 도로도 밭도 땅의 기복을 순순히 따라 땅에 착 엎드려 있다는 느낌이 든다. 가로의 확대는 끝없이 이어졌으나 땅속을 파고들거나 하늘로 솟으려는 노력은 완전히 잊혀 있는 듯한 인상을 받게 된다.

지구 표면은 큰 중력이 작용하는 공간이며, 또 지면은 견고하므로 아무래도 지면에 따라 생활권을 넓힐 수밖에 없다. 위나 아래로 똑같이 퍼지라고 하는 것은 무리한 일이겠다. 아무튼 하늘에서 내려다본 감상으로는 인간이 3차원적인 생활을 하고 있다고 거들먹거릴 수 없을 것 같다.

육군의 전술 중 하나로 포위작전 또는 포위섬멸전(包圍殲滅戰)이 있다. 적의 정면에는 최소한의 병력을 배치하여 대군인 것같이 양동작전(陽動作戰)을 한다. 병력의 대부분은 비밀리에 측면에서 적의 후방으로 돌려 주위에서 일제히 공격을 퍼붓는다. 포위된 적은 집중포화를 받게 되고 공격 목표를 뚜렷이 잡지 못한다. 포위군 쪽은 전선이 길어지기 때문에 병력 밀도는 떨어지지만 포위된 쪽은 어느 방면이 공격력이 약한가를 판단할 틈도 없이 괴멸되는 일이 많다. 포위군의 병력은 과대평가되기 쉽고, 포위된 편은 퇴로를 끊겼다는 정신적 불안이 커서 사기가 둔해진다.

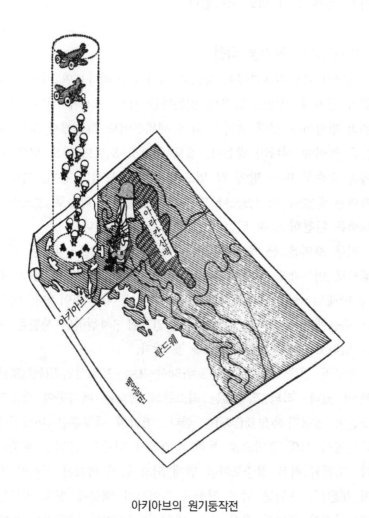

아키아브의 원기둥작전

2차 세계대전 태평양 전쟁 때 일이다. 미얀마의 해안에서 인
도와의 국경 가까이에 아키아브(지금의 시트웨)라는 마을이 있
다. 1943년 초 이곳을 지키고 있던 일본군에게 영국군이 공격

을 시도하였다. 그때 일본군 일부가 우익에서 영국군의 배후를 돌아 이상적인 포위작전을 취하여 일본군이 승리하였다. 이것이 제1차 아키아브작전이다.

그런데 1944년 2월에 똑같은 전투가 벌어졌다. 이때도 일본군은 3만의 영국군을 포위하였다. 기하학의 용어로 쓰면 2차원적으로 포위했다. 그런데 이번에는 포위된 영국군의 사기가 조금도 약해지지 않았다. 약해지기는커녕 날로 강해져 오히려 일본군은 곳곳에서 격퇴되었다. 전사자, 전상자가 줄지어 나오고, 더욱이 굶주림과 탄약 부족으로 일본군은 패퇴하였다. 이것이 제2차 아키아브작전이었으며 이른바 아라칸의 비극이라 불렸다.

그럼 포위된 영국군이 왜 그렇게 강했을까? 그것은 일본군의 몇 배, 또는 몇십 배의 보급이 있었기 때문이었다. 그 보급은 모두 항공기에 의존했다. 이런 뜻에서 영국군의 진지는 「원」이 아니고 「원기둥」이었다. 이 전투가 끝난 뒤 영국군의 장군은 「일본군은 정말 강했다. 그러나 우리가 일전의 실패에 맞서 새로 계획한 원기둥작전에 대해 일본군이 종래의 공격 방법을 조금도 고치지 않았던 것은 우리에게 크게 다행이었다」라고 논평하였다. 2차원적 시야에 한정하고 3차원에까지 생각이 미치지 않았던 일본군에 대한 통렬한 비판이었다.

우리는 그림자를 보고 있다

1, 2, 3차원 다음은 4차원인데, 결국 4차원은 비현실적인 것이다. 그만큼 이해하기 어렵다. 그래서 여러 가지 예비 지식이 필요하다.

「보는 데 따라 원으로도 세모로도 네모로도 보이는 것은 무

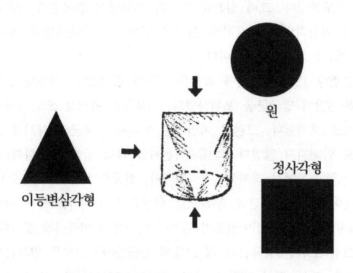

〈그림 2〉 원으로도 세모로도 네모로도 보이는 물체

엇인가?」 하면 수수께끼치고도 맹랑하다. 말꼬리를 잡거나 기
지로 답할 문제가 아니다. 현실적으로 존재하는 물체이다. 이
답은 〈그림 2〉와 같은 입체이다. 이것을 정면으로 보았을 때,
예를 들어 한 변이 10㎝의 정사각형이라면 측면에서 보면 밑변
10㎝, 높이 10㎝의 이등변삼각형이 되고, 바로 위에서 보면 지
름 10㎝의 원이 된다.

물체가 태양이나 전등에 비치면 땅이나 바닥에 그림자를 만
든다. 이때 중요한 것은 물체가 3차원적인 것이라도 땅에 비친
그림자는 2차원적인 도형이 된다는 것이다. 당연한 일이지만
「물체는 그림자가 되면 차원이 하나 줄어든다」는 것은 앞으로
이야기를 해 가는 데 중요하다. 빛은 무한히 멀리서 오는 평행
광선이라 하고, 그림자가 비치는 평면은 빛의 방향에 대해 수

〈표 1-1〉

물체	사영
정육면체	정사각형
직육면체	직사각형
구	원
타원체	타원
원기둥	$\begin{cases} 원 \\ 직사각형 \end{cases}$
원뿔	$\begin{cases} 원 \\ 이등변삼각형 \end{cases}$

직이라 하자. 이럴 때의 그림자를 어렵게 말하면 사영(射影)이라 한다. 앞으로는 사영이라는 말을 쓰겠다.

　직육면체를 비스듬히 두면 사영은 육각형이 된다. 그러나 정육면체의 한 면을 그림자가 비치는 평면과 평행하게 두면 사영은 직사각형이 된다. 이렇게 3차원적인 물체에 각각 적당한 방향에서 빛을 비추면 여러 가지 사영을 만들 수 있다. 앞의 수수께끼는 방향에 따라 사영이 원으로도 정사각형으로도 이등변삼각형으로도 되는 희귀한 보기이다.

　〈표 1-1〉에 물체의 형태가 어떤 사영을 가지는가를 나타냈다. 사영은 진짜 모습이 아니고 일종의 환상이라 하겠다. 그런데 눈으로 물체를 볼 때는 어떨까? 두 눈은 조금 떨어져 붙어 있으므로 근소한 원근을 구별할 수 있다. 그러나 물체의 깊이를 그다지 정확히 감각할 수는 없다. 오히려 우리는 3차원의 물체가 눈에 비치는 사영을 보고 있다고 하는 것이 사실에 가

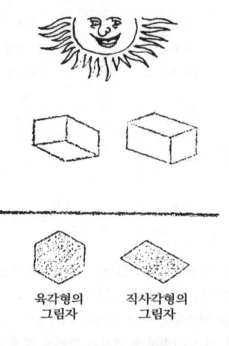

육각형의　　　직사각형의
그림자　　　　그림자

〈그림 3〉 직육면체의 두 가지 사영

깝다. 야구공이나 사과가 구형인 것은 경험으로 알고 있고, 또 옆에서 빛이 비쳤을 때의 명암의 모양 등에서 판단하여 결코 공이나 사과가 원판이라고는 생각하지 않는다. 그러나 기하학 적인 단순성으로 생각하면 눈에 비치는 것은 구가 아니고 원이 다. 원뿔형의 메가폰도 어린아이 같은 단순한 눈으로 볼 때는 삼각형이다. 그러므로 좀 극단적인 표현법을 쓰면 「우리는 항 상 물체의 진짜 모습을 볼 수 없고 사영만을 인식하고 있다」고 할 수 있다.

　그렇다고 감각지상주의(感覺至上主義)를 내세워 「눈에 보이는

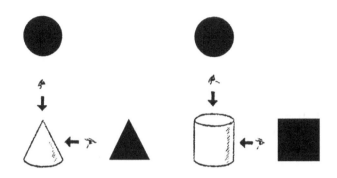

〈그림 4〉 원뿔이나 원기둥은 두 가지 사영을 가지고 있다

원이 진짜이고, 이것이 구라고 주장하는 것은 머릿속에서 꾸며
낸 사고의 소산에 지나지 않는다」라고 말하려는 것은 아니다.
어느 방향에서 보아도 원으로 보이는 것은 실은 구이다. 만져
보아 입구가 열려 있는 메가폰은 결코 삼각형이 아니고 분명히
원뿔이다. 이것이 자연과학에서의 올바른 해석이다. 공이 원처
럼 보이는 것은 공과 빛과 눈의 상대적인 입장 탓이라고 생각
해야 한다. 이야기가 묘한 방향으로 벗어났지만, 요컨대 눈에
비치거나 그림자로 평면에 생긴 도형은 어디까지나 물체의 한
측면이며, 진짜 모습은 3차원적인 입체라는 것을 강조하기 위
해서였다.

달걀을 깨지 않고 노른자를 꺼내다

차원을 생각하는 한 「대(大)는 소(小)를 겸한다」는 속담이 맞
다. 즉, 3차원의 세계에 사는 우리가 3차원적인 머리로 1, 2,
3차원을 이해하기란 쉽다. 그런데 한 자리 올라가서 4차원이

되면 속수무책이다.

그럼 1차원보다 작은 0차원이란 무엇일까? 선분의 길이를 L이라고 할 때, 0차원의 세계가 갖는 공간적 물리량은 L^0이다. 그런데 0 이외의 어떤 수라도 0제곱하면 1이 되어 버린다. 0차원에서는 크기로서의 물리량은 존재하지 않으며 크기가 없는 위치만이 있다. 즉, 0차원은 점이다. 이런 의미에서 0도 포함하여 3차원 이하의 공간을 우리는 상상할 수 있다.

4차원의 공간을 생각하기 위해서는 1차원에서 2차원으로, 2차원에서 3차원으로 더듬어 온 생각을 3차원에서도 밀고 나가는 것이 가장 현명한 방법이다.

여기서 외길이나 운동장의 바리케이드 이야기를 다시 들추어 보자. 2차원의 생물은 1차원의 생물 앞에 놓인 장애물을 간단히 우회할 수 있었다. 또 3차원의 사람은 2차원의 생물이 넘을 수 없는 바리케이드를 쉽게 뛰어넘을 수 있었다.

가령 배구공을 만들 때 배구공보다 작은 야구공을 속에 넣었다고 하자. 배구공의 거죽은 실로 꼭 꿰매진다. 흔들어 보면 속에 야구공이 들어 있으니 소리가 날 수밖에 없다. 이 경우는 야구공이라는 물체의 둘레를 배구공의 거죽이라는 폐곡선이 싸고 있다.

만일 4차원의 생물이 있다면 그는 쉽게 배구공 속에 들어 있는 야구공을 밖으로 꺼낼 수 있을지 모른다. 배구공 거죽에는 아무런 손상도 남기지 않고 말이다.

우리는 절대 그럴 수 없다. 어쩔 수 없는 일이다. 사람은 3차원의 세계에 사는 생물이기 때문이다. 그러면 야구공은 어디를 거쳐 밖으로 나왔을까? 4차원의 공간을 통과한 것이다. 2차

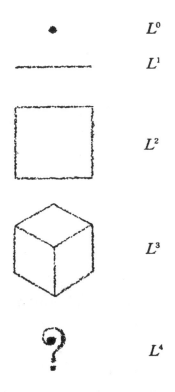

〈그림 5〉 각 차원의 공간적 물리량

원 공간(즉 평면)은 1차원 공간의 바로 옆에 있다. 3차원 공간
(입체)은 2차원 공간 바로 옆에(또는 바로 위라고 하는 것이 알
기 쉬울지 모른다) 존재한다. 마찬가지로 4차원 공간은 우리가
보고 있는 3차원 공간에 이웃하여 무한히 크게 퍼져 있을 것이
다. 그 공간을 이용하여 야구공이 밖으로 나왔다고 결론을 내
려야 한다. 마찬가지로 4차원의 생물은 달걀 껍데기를 깨지 않
고 노른자위를 꺼낼 수 있을 것이다.

4차원 공간을 거쳐 뒤집힌 자동차

앞에서 3차원 입체와 그것이 평면에 그리는 사영의 관계를 생각해 보았다. 우리가 현실에서 보고 있는 정육면체나 구나 원뿔 등을 4차원 공간에 존재하는 4차원 물체가 3차원 공간에 비친 사영이라고 생각할 수도 있다. 그림자에 부피가 있을 수 있는가를 궁금해할지 모르나 4차원 물체란 그림자조차 부피를 갖는 특수한 존재이다.

지금까지의 얘기에서 양적으로 추정되는 것은 4차원 정육면체의 부피이다. 앞으로는 4차원 정육면체를 초정육면체, 4차원 부피를 초부피라고 부르겠다. 그러면 모서리의 길이가 L인 초정육면체의 초부피는 L^4이어야 한다. 한 모서리가 10cm인 정육면체의 부피는 1,000cm³이지만 한 모서리가 10cm의 초정육면체의 초부피는 10,000cm³이다. cm의 4제곱을 무엇이라 하는지 아직 이름이 없다. 그러므로 수학적 기호로 쓸 수밖에 없다.

환상의 차원

공간 속에 있는 어떤 점의 위치를 나타낼 때 보통 「좌표」를 쓰는 것이 쉽다. 만약 공간이 1차원이라면, 바꿔 말해 점이 직선 위만을 움직인다면 직선에 미리 원점과 눈금을 정해 놓으면 점의 위치는 하나의 수치로 표현할 수 있다. 점은 원점의 왼쪽에 있을지도 모르기 때문에 플러스(+)의 수치만이 아니고 마이너스(-)의 수치가 필요하게 된다.

공간이 2차원이라면 가로에 x축, 세로에 y축을 긋고 직교시켜, 점의 위치를 x좌표와 y좌표 두 가지를 써서 나타낸다.

3차원이라면 x축과 y축이 잇는 평면에 수직으로 z축을 설정하여 x, y, z 세 값으로 점의 위치를 정한다. 이러한 좌표를

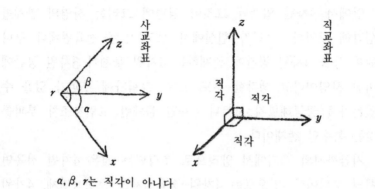

사교좌표

직교좌표

α, β, γ는 직각이 아니다

〈그림 6〉 직교좌표와 사교좌표

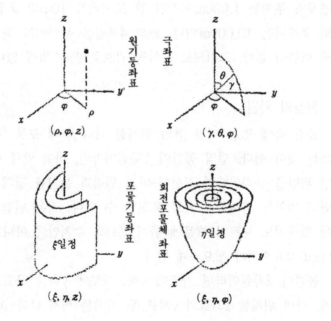

원기둥좌표

(ρ, φ, z)

극좌표

$(\gamma, \theta, \varphi)$

포물기둥좌표

ξ일정

(ξ, η, z)

회전포물체 좌표

η일정

(ξ, η, φ)

〈그림 7〉 그 밖의 여러 가지 좌표

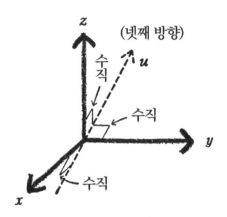

〈그림 8〉 제4의 u좌표

직교좌표 또는 데카르트좌표라고 부르는데, 점의 위치를 나타
내는 데는 반드시 직교좌표를 쓰지 않아도 된다. 사교좌표, 원
기둥좌표, 극좌표, 포물기둥좌표, 회전포물체좌표 등 여러 가지
좌표계가 고안되어 있고, 경우에 따라 알맞은 좌표를 쓰면 된
다. 단지 어떤 좌표를 쓰든지 3차원 공간 내의 점의 위치를 말
하기 위해서는 반드시 세 개의 수치가 필요하며 세 개가 한 조
인 수치만 있으면 충분하다는 것을 잊지 말아야 한다.

  우선 이야기의 복잡성을 피하기 위해 직교좌표를 쓰도록 하
겠다. 4차원 공간에서 좌표는 어떻게 될까? x, y, z축 외에 이
모든 축과 직교하는 또 하나의 좌표를 그어야 한다. 알파벳은
z 다음으로 더 쓸 글자가 없다고 해서 망설일 것 없이, u를
빌려 네 번째의 방향을 u좌표라고 하자. 가령 직육면체가 있을
때 세로 방향이 x, 가로가 y, 높이가 z, 어떤 방향과도 수직인

방향이 u이다(그림 8).

그러나 u가 실제로 어느 방향을 향하고 있는지 따지는 것은 곤란하다. 그렇게 간단하게 알 수 있다면 문제가 없을 것이다. u 방향, 즉 환상의 네 번째 방향을 생각하는 것이 우리의 목표이므로 조급한 결론을 피하고 순차적으로 이야기를 진행시키자.

다차원 공간의 마술

공간에서 움직이는 점의 자유도(自由度)는 3이라고 한다. 3개의 수치로 위치가 정해지기 때문이다. 하늘을 나는 비행기의 위치를 말하는 데는 위도, 경도, 고도의 세 가지가 필요하다. 그러나 바다에서 배의 위치는 위도와 경도로 충분하다. 즉, 자유도는 2이다. 배는 반드시 바다 위에 있다는 조건 때문에 자유도가 하나 줄어든다(물론 잠수함은 예외이다).

그러면 3차원 공간 안의 점으로 이야기를 되돌리자. 점이 움직여 그 자리에 비행운 같은 곡선을 남겼다고 하자. 이런 점의 운동을 수식을 써서 어떻게 나타내면 될까? 어느 시각에는 오른쪽으로 갔고 다음에 위를 향하고, 이번에는 비스듬히 아래로 움직였…… 등 말로 해 보려고 해도 소용없다. 이때는 위치를 시간 t의 함수로서 수식의 형식으로 나타낸다. 위치를 말하는 데는 x축, y축, z축 위의 세 개의 요소 x, y, z가 필요하므로 결국 점의 운동은

$$\begin{cases} x = f(t) \\ y = g(t) \\ z = h(t) \end{cases}$$

로 정확하게 나타낼 수 있다. f, g, h 등은 함수를 나타내는

기호이다. 예를 들면 t^2-3t+4나 $\sqrt{t^2+5}$ 처럼 t를 포함한 여러 가지 식을 일반적으로 나타내는 방법이다. 이러한 운동의 결과가 입체 중의 비행운이다.

그럼 공간 속에 점이 두 개 있고, 이 두 개의 점이 각기 제 멋대로 움직이면 어떻게 될까? 첫 번째 점의 위치를 x_1, y_1, z_1이라 하고 두 번째 점의 위치를 x_2, y_2, z_2라고 하면 이 6개의 변수가 시간 t와 더불어 어떻게 변하는가는

$$\begin{cases} x_1 = f_1(t) \\ y_1 = g_1(t) \\ z_1 = h_1(t) \end{cases} \qquad \begin{cases} x_2 = f_2(t) \\ y_2 = g_2(t) \\ z_2 = h_2(t) \end{cases}$$

라는 식으로 나타낼 수 있다. f_1이나 g_2는 어떤 함수라는 뜻이다. 현실적으로는 공간 안에 그려진 2개의 비행운이다.

여기서 2개의 비행운을 1개로 만들 수 없을까? 할 수 있다. 그러기 위해서 6차원 공간을 설정하면 된다.

x_1, y_1, z_1, x_2, y_2, z_2라는 6개의 좌표축이 있고 모두가 원점에서 교차되고 있다. 또 6개 중 어느 2개를 봐도 반드시 직각이 되는 좌표축을 상정한다. 이것이 가능한 공간이 6차원 공간이다. 3차원 공간의 상식으로 말하지 않기로 하면 가능한 것이 6차원 공간이다.

가령 6차원 공간을 용인하면 어떻게 될까? 3차원 공간에서 두 점의 위치는 x_1, y_1, z_1, x_2, y_2, z_2의 6개의 변수로 완전히 결정된다. 그 6개의 변수로 결정할 수 있는 위치는 6차원 공간에서는 하나의 점이 된다. 물론 시간이 지나면 6개의 변수의 값은 점차 (수학적인 말로 하면 연속적으로) 이동한다. 즉, 6차

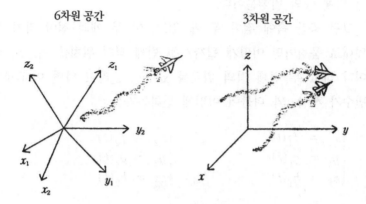

〈그림 9〉 3차원 공간에서 6차원 공간으로

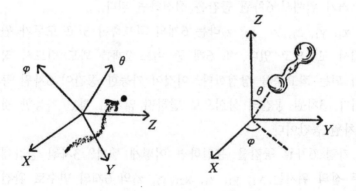

〈그림 10〉 3차원 공간에서 5차원 공간으로

원 공간 안에서 비행운은 우리가 사는 세계 안의 2개의 점 운동을 그대로 표현하고 있다.

마찬가지로 3개의 점 운동을 말하는 데는 9차원 공간을, 4개의 점이라면 12차원 공간을 생각하면 된다. 이것을 일반화하면, n개의 점이라면 3n차원 공간을 설정하면 될 것이다. 이렇게 물체(물체는 1개든 더 많든 상관없다)의 위치를 완전하게 표현하는 데 필요한 변수의 수를 역학에서는 자유도라고 한다. 물체의 운동 상태를 간단명료하게 기술하기 위해서는 자유도의 수와 같은 차원의 공간을 설정하여 그 다차원 공간 안의 한 점의 움직임을 생각하는 것이 현명한 방법이다.

또 아령 등의 자유도는 중심의 위치를 말하는 데는 3이 되며, 아령의 방향을 말하는 데는 2개의 변수가 필요하므로 자유도는 합계 5이다. 복잡한 형태의 물체(강체라고 한다)에서는 자유도가 6이 된다. 즉, 공간 안에서는 자유도가 6이 된다. 공간 안에서 아령이 움직일 때 위치와 경사를 말하기 위해서는 5차원 공간 내의 점의 움직임과 마찬가지로 생각하면 된다.

이렇게 역학(또는 운동학)적으로 말할 때는 4차원뿐만 아니라 6차원이든 9차원이든 써 보면 된다. 3차원에서 더 생각하지 않는다면 복잡한 자연을 정확하게 알아볼 수 없다. 그러나 이렇게 말하는 사람도 있다. 「물론 6차원, 9차원 등이 나오지만 어디까지나 설명을 간결하게 하려는 수단이며, 머릿속에서 생각해 본 것에 지나지 않는다. 우리가 알고 싶은 것은 이 세상에 정말로 4차원이 있는가, 없는가뿐이다」라고 말이다.

틀림없이 그렇다. 아무 근거 없이 다차원 공간의 존재를 경솔히 말하려는 것은 아니다. 형식론만 가지고는 「4차원의 세계」에 대한 아무런 해결도 되지 않기 때문이다. 먼저 6차원이라든가 n차원 공간이라는 말이 지금까지 이야기해 온 뜻으로 수학이나 물리학에서 아무런 저항 없이 쓰이고 있는 것을 소개하는 데 그치겠다. 또 차원의 수가 무한대인 무한차원 공간(이것을 힐버트 공간이라 한다)도 수학이나 이론물리학의 연구에 없어서는 안 되는 중요한 개념이다.

2장
4차원 공간의 성질

현세는 4차원 공간의 단면

사람은 상상력이 풍부한 동물이다. 보지 못한 것도 머릿속에서 생각해 낸다. 옛사람은 하늘을 나는 배나 땅속을 달리는 수레 같은 것을 그림으로 그렸다. 지옥에 떨어진 죽은 자들이 피의 연못이나 바늘 산에서 고통을 당하는 그림은 어린이에게 공포를 준다. 모두 상상력의 산물이다.

이것은 모두 머리로만 생각해 낸 것이다. 아무도 본 일이 없지만 그럴 것이라 생각하고 그림을 그렸다.

4차원의 세계는 아무도 본 사람이 없다. 그러나 생각하는 능력이 있는 사람은 이런 것을 머릿속에 그리려 한다. 그러나 이것만은 종이 위에 그릴 수 없다. 이런 의미에서 4차원의 세계는 괴수보다도, 요괴보다도 더욱 까다롭다. 더 굉장한 상상력이 요구된다.

만약 공간이 4차원이라면 어떻게 될까? 이 문제는 수학적인 방법으로 조사해 가는 것이 가장 확실하다. 구체적인 이미지에 구애되지 말고 이치로만 따져 보자는 것이다. 그 때문에 이야기가 형식적이게 되어도 별수 없다.

점은 0차원이다. 이 점이 직선 위에 있을 때는 직선을 오른쪽 부분과 왼쪽 부분으로 나누는 역할을 한다. 마찬가지로 무한히 긴 직선이 평면 위에 그어졌을 때 직선(1차원)은 평면(2차원)을 두 부분으로 나눈다. 다시 무한히 넓은 평면을 생각하면 이는 무한히 넓은 입체(3차원)의 단면이 된다. 또는 평면이란 무한히 얇은 입체이기도 하다.

이상에서 유추하면 우리가 사는 3차원 공간은 아주 넓은 4차원 공간을 둘로 나누는 단면이라고 하겠다. 또는 4차원 공간

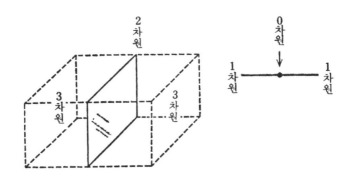

〈그림 11〉 0차원의 점은 1차원의 선을, 2차원의 면은 3차원의
공간을 둘로 나눈다

을 무한히 얇게 한 극한이 현세라고 해도 된다. 다만 유감스럽
게도 사람의 눈에는 이 세상에 있는 모습밖에 비치지 않는다.
바로 옆에 넓디넓은 4차원 공간이 있어도 우리의 감각으로는
볼 수 없다.

1장에서도 이야기했지만 가로, 세로, 높이 외에 넷째 방향이
하나 더 있다면 그것은 어느 쪽을 향하고 있을까? 이것은 평면
과 입체의 관계를 생각해 보면 알 수 있다. 평면 안에서 어느
방향으로 직선을 그어도 3차원은 반드시 이 직선들과 수직 방
향으로 연장된다.

이와 마찬가지로 우리가 공간 속의 어떤 방향에 직선을 그어
도 4차원의 세계는 반드시 이 직선들과 수직 방향이어야 한다.
그러면 세로, 가로, 높이의 어느 방향과도 다른 방향은 어떤 방
향인가? 그런 제4의 방향이 이 세상에 존재할까? 적어도 보통
의 입체기하학으로는 답을 낼 수 없을 것 같다. 기하학으로 못
한다면 무엇으로 할 수 있겠는가? 공간도 무한이지만 공간 이

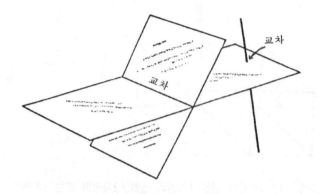

〈그림 12〉 직선과 평면이 교차하면 점이 되고, 평면과 평면
이 교차하면 선이 된다

외에 무한히 긴 양이란 무엇인가? 그래서 시간이라는 이질적인
양을 생각하여 시간을 문제로 하는 물리학이 나왔지만, 이 이
야기는 나중에 하기로 하고 먼저 순수한 공간만의 문제로서 기
하학의 입장에서 4차원 공간을 쫓아 보기로 하자.

초공간에서 교차하다

무한히 넓은 한 평면 안에 평행하지 않는 두 직선을 그어 보
자. 이 둘은 반드시 어디선가 교차하고, 교차된 곳은 점이 된
다. 만약 두 직선이 평행이라면 교차한다는 말의 뜻을 확장하
여 평행선도 무한히 먼 곳에서 역시 교차한다고 하자. 3차원
공간 안에서 평면과 직선은 교차하고, 교차된 곳은 역시 점이
다. 3차원 공간 안에서는 평면과 평면도 교차하는데 교차된 곳
은 직선이 된다. 또 3개의 평면이 교차되면 교차된 곳은 점이
된다. 마찬가지로 3차원 공간 안에서 어떤 크기의 입체와 큰

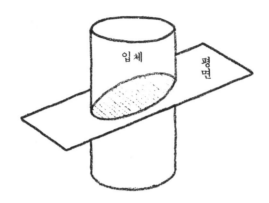

〈그림 13〉 입체와 평면이 교차하면 면이 된다

평면이 교차하면 어떤 크기를 가진 면이 된다. 우리는 이런 것들을 직감적으로 이해할 수 있다.

그러면 4차원 공간 안에서(앞으로는 4차원 공간을 간단히 「초공간」이라 부르기로 한다) 이러한 교차가 일어나면 어떻게 될까? 초공간에서는 교차한다는 말이 적당한지 의심스럽기 때문에 서로 끊는 공간이라 부르겠다. 또 교차에 의해서 생기는 부분을 단면이라고 하자. 초공간에서의 끊기를 들어 보면 다음 〈표 2-1〉과 같다.

이 7개 중 처음 4개는 4차원 공간이 존재하는 경우에 한해서 성립하며, 따라서 단면을 모형적으로 그려 보려 해도 불가능하다. 나머지 세 가지는 3차원 공간 안에서도 교차할 수 있다. 그런데 같은 것끼리의 단면이라도 3차원 공간 안에서의 이야기와 4차원 공간 안에서 교차하는 경우는 단면이 다르다. 3차원 공간에서의 단면은 다음 〈표 2-2〉와 같다.

〈표 2-1〉

끊는 공간	단면
4차원 물체와 3차원 공간	입체
2개의 3차원 공간	평면
3개의 3차원 공간	직선
4개의 3차원 공간	점
3차원 공간과 평면	직선
3차원 공간과 직선	점
2개의 평면	점

〈표 2-2〉

끊는 공간	단면
3차원 공간(유한한 입체)과 평면	평면
3차원 공간(유한한 입체)과 직선	직선
2개의 평면	직선

이것은 확실히 4차원 공간 안의 경우와 다르다. 마치 평면 안(2차원 공간 안)에서는 직선과 평면이 교차하면 직선이 되지만(그 직선이 완전히 평면 안에 포함되므로) 3차원 안에서는 면과 선이 교차하면 점이 되는 것과 같다.

평행한 공간과 수직한 공간

평면 안에 2개의 평행한 직선을 긋는 것은 간단하다. 또 공간 안에 2개의 평면을 평행하게 놓을 수도 있다. 이런 경우에 평행이란 무엇인가? 우리가 다 아는 일이지만 어디까지 가도 교차되지 않는, 바꿔 말하면 평행이란 무한한 저편에서 교차한다는 것이다.

초공간(4차원 공간) 안에서는 아주 많은 다른 3차원 공간을 생각할 수 있다. 마치 3차원 공간에 다른 많은 평면이 있는 것과 마찬가지이다. 그리고 이 많은 3차원 공간 중에서 특정한 둘은 서로 평행할 수도 있을 것이다.

그러나 두 3차원 공간 A와 B가 평행하다는 것은 어떻게 되어 있다는 것일까? 이것은 도저히 모형으로 생각할 수 없다. 한쪽 공간 A 안에는 사람이 살고 있고 자동차도 달리고 있다. A 안의 어느 부분(사람의 머리든 자동차의 타이어든 어디라도 좋다)에서 다른 공간의 어디라도 수선을 그으면 길이가 같다. 그 길이를 A와 B와의 「수직거리」라고 한다. 대체 어느 방향으로 수선을 긋는가? 다른 공간 B는 어디에 있는지 생각해 봐도 소용없다. 모형을 생각할 수 없기 때문이다. 그럴 수 있다는 이론을 순순히 받아들일 수밖에 없다. A공간 안의 사람과 B공간 안의 사람은 두 공간이 평행인 까닭에 절대로 만날 수 없다. 가장 가까워졌을 때도 두 공간의 수직거리만큼 떨어져 있다.

3차원 공간 안에서 두 평면을 적당히 움직여 서로 수직이 되게 할 수는 있다. 마찬가지로 두 3차원 공간 A와 B가 초공간 안에서 서로 수직이 될 수 있다. 물론 이때에는 평행이 아니므로 A 안의 사람과 B 안의 사람은 접촉할 수 있다.

앞에서 보인 단면의 표에서처럼 A와 B의 단면은 면이다. 즉, 특정한 한 평면만이 3차원 공간 A의 일부분이기도 하고, 동시에 이것과 수직인 3차원 공간 B의 일부분이기도 하다. 그러므로 만약 두 공간에 사는 사람이 접촉했다면 접촉하고 있는 부분은 이 특정한 평면 안이다.

〈그림 14〉 평면상의 세 점을 지정하면 1개
의 원이 결정된다

4차원의 공

동일 평면 안에서 두 점을 정하면 이 두 점을 통하는 직선이
정해진다. 딱딱한 수학적 표현을 쓰면 「두 점을 지나는 직선은
1개 있으며 또한 단지 1개뿐이다」라고 한다. 그러나 우리는 부
드러운 말씨로 말하기로 하자.

3차원 공간 안에 세 점이 있으면(단, 세 점이 일렬로 나란히
있으면 안 된다) 이들 점을 통과하는 한 평면(2차원)이 결정된
다. 마찬가지로 초공간 안에 네 점을 지정하면(단, 4개의 점이
같은 평면 위에 있으면 안 된다) 이 4개의 점을 포함하는 3차
원 공간은 1개만 확정된다. 이것은 5차원, 6차원 공간에 대해
서도 마찬가지이다.

같은 평면상에 세 점을 지정하면 이 세 점을 지나는 원주는
오직 1개만 결정된다(세 점이 한 직선 위에 나란히 있으면 반

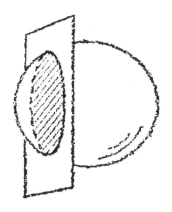

〈그림 15〉 구와 평면과의 교차는 원이 된다

지름이 무한대인 원이라고 해석하면 된다). 3차원 공간 안에
네 점을 지정하면 이 네 점을 통과하는 구면은 1개만 존재한
다. 마찬가지로 초공간 안에 다섯 개의 점을 정하면 이 다섯
개를 통과하는 4차원의 구면이 결정된다(4차원 공간을 초공간
이라 하는 것처럼 4차원의 구면을 초구면이라고 하자).

　4차원 구를 상상할 수는 없으나 어쨌든 초구면(초구면은 4차
원을 싸고 있는 거죽이므로 3차원이다. 가령 3차원의 구를 싸
고 있는 구면이 두께가 없는 2차원의 거죽인 것과 마찬가지이
다)의 어디서 재어 봐도 4차원 구의 중심까지의 길이는 모두
같다.

4차원 구가 간다

　앞에서도 이야기했지만 2차원의 생물은 구를 원으로밖에 받

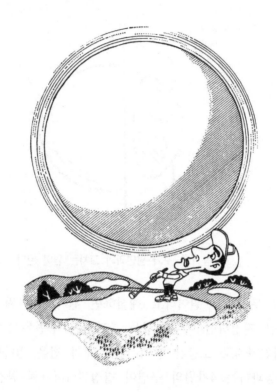

4차원 구가 간다!

아들일 수 없다. 그러므로 만일 평면에 구가 가까이 와서 이것
과 접촉하고, 아무런 저항도 없이 구가 평면에 파고들어 그대
로 앞으로 나아가 지나가 버리면 2차원의 생물은 어떻게 생각
할까? 그의 눈에 비치는 것은 구와 평면과의 접촉면뿐이다. 구
가 평면에 닿는 순간 한 점으로 보이다가 그것이 금방 원형으
로 퍼져 가고, 구의 반지름과 같아졌을 때 원은 최대가 되고
이윽고 작아져서 점이 되었다가 꺼져 버린다.

　따라서 만약 여기에 4차원 구가 있어서 우리가 사는 3차원

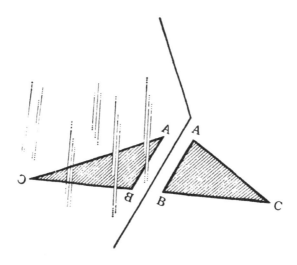

〈그림 16〉 거울에 비친 두 개의 삼각형

공간에 가까이 와서는 지나쳐 버린다면 사정은 똑같아진다. 4차원 구와 3차원 공간이 교차되는 단면은 구(보통의 3차원 구)이다.

그래서 우리의 눈앞에 갑자기 점이 나타났다가 금세 구형으로 부푼다. 이윽고 4차원 구의 반지름의 크기까지 커지면 다시 점점 작아져서 드디어 소멸한다. 4차원 구가 4차원 공간으로 가 버린 것이다. 동에서 서로 갔는지, 위에서 아래로 움직였는지 알 수 없다. 굳이 말한다면 동서, 남북, 상하의 어느 쪽과도 모두 직각의 방향으로 이동하였다.

고무공의 반전

〈그림 16〉과 같이 평면 위에 2개의 직각삼각형이 있다고 하자. 크기나 모양은 같지만 좌우가 거꾸로 되어 있다. 어느 삼각

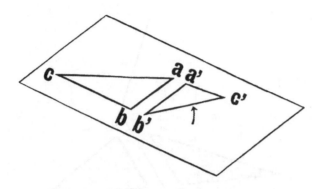

〈그림 17〉 3차원 공간을 지나면 겹칠 수 있다

형도 삼각자처럼 아주 얇은 판으로 되어 있고 평면 위를 자유롭게 이동할 수 있다고 하자. 단, 평면에서 떨어질 수는 없다. 즉, 2차원 공간 안에서 자유롭게 운동할 수 있을 뿐이다.

그럼 이들 삼각형을 평면 위에서 적당히 움직여서 꼭 겹치게 할 수 없을까? 세로로 움직여도, 가로로 끌어도, 또 평면 내에서 빙글 돌려도 안 된다. 겹치기 위해서는 한쪽 판을 뒤집어야 한다. 뒤집기 위해서는 한 번은 평면에서 떼고(삼각형의 한 변만은 평면에 붙여도 되지만) 3차 공간 안을 회전시켜야 한다.

이것을 하나 더 높은 차원에서 생각하면 〈그림 18〉과 같다. 2개의 같은 크기, 같은 모양의 사면체는 꼭 거울에 비친 상과 실물처럼 대칭으로 되어 있다(물론 정사면체가 아니고 부등면사면체이다). 이것을 겹칠 수는 없지만, 가령 오른쪽 사면체를 왼쪽처럼 고칠 수는 없는 것일까? 우리는 할 수 없다. 3차원 세계에 사는 생물이기 때문에 안 된다. 그러나 4차원 세계의 생물이라면 아주 쉽게 반전시킬 수 있다. 4차원 공간을 통해서 빙글 돌리면 된다.

4차원의 생물이라면 포대를 찢지 않고 고양이를
꺼낼 수 있을 것이다

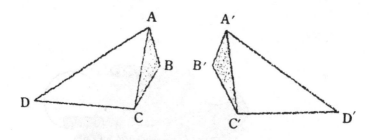

〈그림 18〉 2개의 대칭하는 부등면사면체

사이드암 야구 투수가 잘못하여 보통 글러브(왼손에 끼는 글러브)를 샀다. 아차 하고 생각한 그는 운동기구 가게로 물건을 바꾸러 가야 한다. 결코 그는 4차원의 사람이 아니기 때문이다.

종이테이프로 만든 고리(2차원)의 안쪽을 바깥쪽이, 바깥쪽을 안쪽이 되게 뒤집는 것은 3차원 세계의 우리에게 가능하다. 마찬가지로 만일 4차원의 생물이 이 세상에 왔다면 얇고 말랑한 고무공(3차원)을 아무 데도 찢지 않고 안과 거죽을 뒤집을 수 있을지 모른다. 우리가 종이테이프를 뒤집은 식으로 말이다.

정이십면체까지만

삼각형, 사각형, 오각형 등은 평면에 그려진 도형이다. 각 변의 길이가 모두 같은 것이 정삼각형 또는 정사각형이라는 것은 누구나 잘 알고 있다. 또 정오각형, 정육각형처럼 정이 붙는 다각형은 몇 가지나 있을까? 얼마든지 변수가 많은 정다각형(정다변형)을 그릴 수 있다. 원을 그리고 중심의 360°를 n등분하여 n개의 반지름을 방사상으로 연장하고 이 반지름들이 원주와 교차하는 점을 순차적으로 이어 가면 정n각형을 얻을 수 있다.

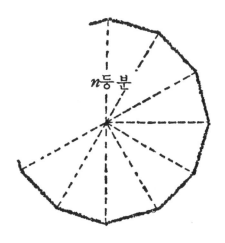

〈그림 19〉 정n각형을 만드는 법

〈표 2-3〉

※이중 정육면체란 입방체이며 이른바 주사위 모양이다.

이름	꼭짓점 수	모서리 수	면 수	면의 모양
정사면체	4	6	4	정삼각형
정육면체	8	12	6	정사각형
정팔면체	6	12	8	정삼각형
정십이면체	20	30	12	정오각형
정이십면체	12	30	20	정삼각형

이상은 평면기하학인데 입체기하학에서는 어떻게 될까? 면의 수가 가장 적은 입체는 사면체이다. 그리고 사면이 모두 같은 크기의 정삼각형일 때 정사면체라고 한다.

일반적으로 모든 면이 같은 모양, 같은 크기의 정다각형(기하

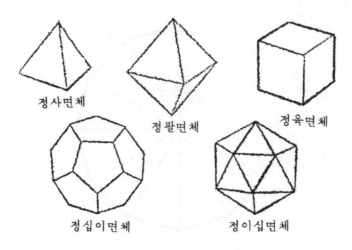

정사면체

정팔면체

정육면체

정십이면체

정이십면체

〈그림 20〉 다섯 가지 정다면체

학에서는 이 면들을 합동이라고 한다)으로 둘러싸이며 대칭적인 입체를 정다면체라고 한다. 그러면 정다면체도 정다각형처럼 무수히 많을까? 그렇지 않다. 입체에서는 평면도형과 달리 다섯 가지밖에 없다(〈그림 20〉 참조).

4차원 주사위를 보기 위하여

앞에서 든 정다면체는 보통의 공간(3차원 공간)에서의 이야기이지만 4차원 공간에서는 어떻게 될까? 4차원 정다면체(이것을 초정다면체라고 하자)가 몇 가지나 있는가는 나중에 보기로 하고, 가장 알기 쉬운 4차원 정육면체(초정육면체)를 알아보자. 3차원 공간에서 정사면체를 다루는 것보다 정육면체를 생각하는 것이 여러모로 쉬운 것과 마찬가지이다.

그럼 초정육면체란 어떤 것일까? 모서리의 길이를 L이라 하

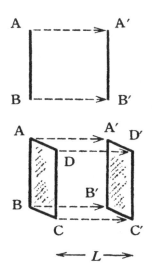

〈그림 21〉 선의 이동이 면을 만들고,
면의 이동이 입체를 만든다

면 L^4의 부피(4차원 공간에서도 부피라는 말을 쓰기로 한다)를 갖는다는 것밖에 모른다. 그러나 3차원의 정육면체가 2차원의 면으로 둘러싸였으므로 굳이 생각해 본다면, 초정육면체란 주위가 보통의 (즉 3차원의) 정육면체 몇 개로 둘러싸인 4차원적인 부피일 것이다. 그럼 3차원 정육면체가 6개의 면에 싸였던 것에 비해 초정육면체 주위의 정육면체는 모두 몇 개일까?

이것을 생각해 보기 위해 다시 차원이 낮은 데로 되돌아가기로 하자. 그림에서 길이 L의 선분 AB를 AB와 수직 방향으로 L만큼 끌었을 때 AB가 통과한 공간(AB라는 빗자루로 쓴 자국)이 정사각형이다. 정사각형 ABCD가 있고 이 면을 면과 수직 방향으로 L만큼 움직였을 때 이 정사각형이 통과한 자국이 정육면체이다. 이때 면 ABCD에 대해 수직 방향이란 선분 AB나 BC에 대해서도 물론 수직 방향인 것을 잊어서는 안 된다.

이어서 정사각형에서 정육면체를 만드는 것과 마찬가지 방법으로 정육면체에서 초정육면체를 만드는 것을 생각하면서 이야기를 진행시켜 보자.

정사각형은 평면(즉 2차원) 안에 있다. 이 정사각형을 같은 평면 안에서 이동시켜도 정육면체를 만들 수 없다. 이 평면과 수직 방향, 즉 세 번째 차원의 방향으로 L만큼 끌어야 한다. 그러면 처음의 정사각형 ABCD를 L만큼 이동하면 A′B′C′D′가 된다. 정사각형의 이동으로 그려진 정육면체는 6개의 정사각형으로 둘러싸이는데 그 6개의 정사각형은 다음과 같다.

(1) ABCD   출발 시의 정사각형

(2) A′B′C′D′ 도착 시의 정사각형

(3) ABB′A′   이동에 의해 선분 AB가 그리는 정사각형

(4) BCC′B′   이동에 의해 선분 BC가 그리는 정사각형

(5) CDD′C′   이동에 의해 선분 CD가 그리는 정사각형

(6) DAA′D′   이동에 의해 선분 DA가 그리는 정사각형

측면은 출발 시, 도착 시, 그리고 이동에 의해 그려진 것의 세 종류로 되어 있다.

마찬가지로 정육면체의 모서리 수는 출발 시의 정사각형에서 4개(AB 등), 도착 시 정사각형에서 4개(A′B′등), 이동에 의해 생기는 것 4개(AA′등)로 총 12개이다. 이동에 의해 생기는 모서리의 수는 출발 시 정사각형의 꼭짓점 수와 같다. 이것은 그림을 보면 바로 알 수 있다.

또 정육면체의 꼭짓점 수는 출발 시의 정사각형이 4개(A, B, C, D), 도착 시의 정사각형이 4개(A′B′C′D′)로 8개이다. 이동에 의하여 꼭짓점이 새로 생기지 않는다.

그릴 수 없는 그림을 그리다

그런데 초정육면체를 만드는 데는 정육면체를 모서리의 길이 L만큼 이동시켜야 한다. 어느 방향으로? 네 번째 차원의 방향으로 이동시킨다. 〈그림 22〉에서 ABCDEFGH가 출발 시의 정육면체이다. 그리고 A′B′C′D′E′F′G′H′가 도착 시의 정육면체일 것이라고 그린 정육면체의 그림이다. 그러나 이 그림을 너무 신용하면 안 된다. 4차원 공간을 그릴 수 있을 턱이 없으니까 말이다. 어쩔 수 없이 3차원 공간 안에 그렸을 뿐이다.

출발 시의 정육면체는 우리가 사는 3차원 공간 안에 있다. 그리고 이 정육면체가 네 번째 차원의 방향으로 L만큼 이동하였다. 물론 네 번째 방향은 우리 눈에 보이지 않는다. 또 도착 시의 정육면체는 눈앞에 있는 세계와는 다른 3차원 공간 안에 들어가 있다. 그 3차원 공간이란 우리가 사는 3차원 공간과 평행한 공간이다.

그러므로 A와 A′, B와 B′ 또는 H와 H′의 거리는 L이다. 또 모서리 AB, BC…… 등은 이것과 수직 방향으로 L만큼 움직여 A′B′, B′C′…… 등이 된다. 또 출발 시 정육면체의 6개의 면(모두 정사각형)은 각각 모두가 면과 수직 방향으로 L만큼 이동하고 있다. 그림을 보고 정사각형 ABCD는 면과 수직 방향으로 움직였으나 정사각형 ADHE는 면과 평행한 방향으로 이동하였다고 해서는 안 된다. 그것은 그림이 부정확한 탓이며

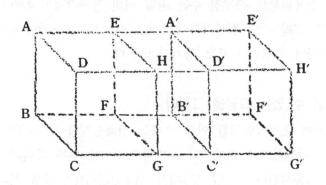

〈그림 22〉 정육면체를 네 번째 차원의 방향으로 L만큼 이동시킨다.

〈표 2-4〉

	출발 시	이동	도착 시	계
꼭짓점	8	…	8	16
모서리	12	8	12	32
면(정사각형)	6	12	6	24
정육면체	1	6	1	8

정확한 그림을 그릴 수 없기 때문이다.

아무튼 형식적이지만 초정육면체는 몇 개의 3차원 정육면체로, 몇 개의 정사각형으로, 몇 개의 모서리로, 몇 개의 꼭짓점으로 둘러싸여 있는가를 짐작할 수 있다. 정사각형을 움직여 정육면체를 만들었을 때와 마찬가지로 정육면체를 이동시켜 초정육면체를 만드는 것이므로 출발 시, 도착 시, 도중 이동으로 정육면체나 정사각형 등이 얼마나 만들어지는지 계산하면 된다.

출발 시나 도착 시의 것은 바로 알 수 있다. 이동에 의해 만들어지는 것은 정사각형(면)이 이동하면 정육면체, 모서리가 이동하면 면, 점이 이동하면 모서리가 되는 것을 생각하면 〈표 2-4〉와 같다.

초정육면체는 8개의 3차원 정육면체와 24개의 정사각형과 32개의 모서리와 16개의 꼭짓점으로 둘러싸인다.

초정육면체의 수수깡 놀이

우리가 무엇을 그릴 때는 연필이나 펜으로 종이 위에 그리는 것이 보통이다. 그런데 종이는 평면이다. 그래서 3차원의 입체를 그리려 하면 여러 가지 연구가 있어야 한다. 한 장에 그리는 그림으로는 물체의 사영밖에 그릴 수 없으므로 단면도를 몇 장 그려서 될 수 있는 대로 실제의 모양을 나타내려고 애쓰는 것도 그 때문이다.

입체적인 것을 묘사하는 데 다음과 같은 입체 필기도구를 고안하면 어떨까? 가령 정육면체(직육면체나 구여도 상관없지만)의 용기가 있고 이 속에 특수한 약품이 들어 있다고 하자. 그 안에서 연필과 비슷한 특수한 필기도구를 써서 그리면 심이 지난 자국에는 곡선이 그려진다. 항상 선이 그려진다면 연결된 선밖에 그릴 수 없으므로 OFF의 버튼을 누르는 동안은 선이 그려지지 않게 한다. 만약 이런 기계가 있다면 입체적인 설계도를 그릴 수 있어 제도법의 큰 혁명이 될 것이다. 원기둥이나 원뿔의 측면 등을 그릴 경우에는 몽땅 칠해야 하므로 다소 성가시겠지만 원리적으로 불가능하지 않다.

그러나 더 나아가 이것으로 4차원 필기도구를 만들자는 생각은 헛수고가 되고 말 것이다. 대체 누가 초정육면체를 만들 수

입체 필기도구

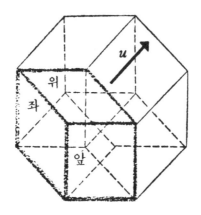

〈그림 23〉 수수깡으로 만든 초정육면체

있고, 누가 거기서 연필로 그을 수 있단 말인가? 또 만약 그것이 가능하다 해도 우리에게는 3차원의 사영으로 보일 뿐이다. 즉, 우리는 어디까지나 3차원 안에서 억지를 써서 그릴 수밖에 없다.

보통의 정육면체는 2차원의 종이에 그릴 수 있는 것같이 초정육면체는 3차원 공간 안에 수수깡으로 만들 수 있다. 〈그림 23〉은 초정육면체를 3차원의 종이(?)에 그린(실제로는 수수깡으로 만든) 것이다.

보통의 정육면체를 종이에 그릴 때는 어느 방향에서 보아도 기껏해야 3면밖에 볼 수 없다. 이와 마찬가지로 〈그림 23〉에서는 초정육면체를 둘러싼 8개의 3차원 정육면체 중 4개만 그려져(실은 만들어져) 있다.

〈그림 23〉의 왼쪽 아래 것이 출발 시의 정육면체이다. 이것은 6개의 면을 가지고 있으나 〈그림 23〉에서는 오른쪽, 아래

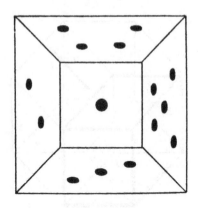

〈그림 24〉 평면에 밀어붙인 고무 주사위

쪽, 건너편 3면의 이동이 그려져 있다. 보통 정육면체를 종이에 그리면 면은 평행사변형처럼 그리는 것과 마찬가지이며, 이 〈그림 23〉처럼 만든 초정육면체 주위의 3차원 정육면체는 반드시 정육면체로서 그리지 못하고 평행육면체가 되어 버린다.

〈그림 23〉은 출발 시의 정육면체 1개와 이동에 의해 만들어지는 정육면체 중의 3개를 그린 것인데, 얼핏 생각하면 출발 시 정육면체의 좌측면, 앞면, 윗면이 이동하여 만들어지는 3개의 입방체도 그릴 수 있는 것 같은 생각이 든다. 그러나 이 그림 안에 그것을 그려 넣는 것은 혼란만을 초래할 뿐이다. 그러므로 이어서 좀 더 알기 쉬운 방법으로 초육면체를 그려 보자.

〈그림 24〉는 고무로 만든 속이 빈 주사위의 1면(예를 들면 숫자 6의 면 하나)을 잘라내어 나머지 5개의 면을 억지로 평면에 밀어붙인 그림이다. 고무 제품이므로 1면 외에는 밀어붙여져 사다리꼴이 된다. 마찬가지로 초정육면체의 측면에 있는 8

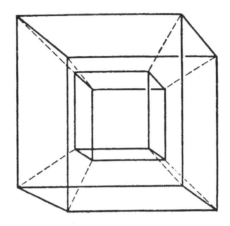

〈그림 25〉 초정육면체를 3차원 공간에 밀어 넣는다

개의 정육면체 중 하나만을 떼어 내어 나머지 7개를 억지로 3차원 공간에 밀어붙인 것이 〈그림 25〉이다. 중앙의 작은 정육면체와 이것을 둘러싸는 6개의 육면체(그 6개의 육면체는 밀어붙여진 결과 모두 윗면과 밑면이 정사각형이고 측면이 같은 모양의 사다리꼴이 된다)가 초정육면체 주위의 정육면체가 된다.

잘라 낸 마지막 정육면체는 그림 제일 바깥쪽의 6개의 정사각형이 측면이 되는 정육면체이다. 그렇다고 이 큰 정육면체 전체를 8번째의 정육면체라고 생각하면 안 된다. 주사위를 밀어붙인 그림에서 잘라 낸 6의 눈은 제일 바깥쪽 4개의 변을 변으로 하는 정사각형이지만 이 큰 정사각형 자체가 「6」의 면은 아니다. 굳이 말하자면 이 큰 정사각형을 뒤집은 것이겠다. 이와 마찬가지로 잘라 낸 정육면체란 〈그림 25〉의 큰 정육면체를 뒤집은 정육면체라고 생각하면 된다.

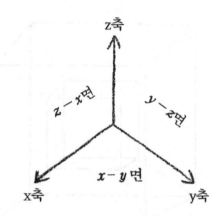

〈그림 26〉 3차원 공간에서 한 점에 모이는 면의 수

3차원 공간에 밀어붙인다

3차원의 정육면체를 생각해 보자. 그 꼭짓점에 주목하면 한 점에는 서로 수직인 3개의 모서리와 서로 수직인 3개의 면이 모여 있으며, 한 모서리에는 서로 수직인 2개의 면이 접해 있다.

그럼 4차원이라면 어떻게 될까? 한 점에는 서로 수직한 4개의 모서리가 모여 있다. 이것이 4차원의 성질이다. 이 직교하는 4개의 축을 각각 x축, y축, z축, u축이라 하자. u축은 3차원 공간에서는 생각할 수 없다.

4차원 공간 속의 한 점에 모여 있는 서로 수직인 면은 몇 개 있을까? 4차원이므로 4개라고 해서는 안 된다. 3차원 공간에서는 한 점에 모이는 면은 x-y면(x축과 y축으로 만들어지는 면), y-z면, z-x면의 3개이다. 그런데 4차원에서는 x-y, x-z면, x-u면, y-z면, y-u면, z-u면의 6개이다. 4차원의 세계에서는 한 점에 모여 있는 서로 수직인 면도 6개나 있다.

4차원 공간에서는 한 점에 몇 개의 정육면체가 모여 있을까? 바꿔 말하면 초정육면체의 한 꼭짓점에 닿는 3차원 정육면체의 수는 몇 개인가? 이것은 초정육면체를 만들 때의 조작을 생각해 보면 알 수 있다. 예를 들면 출발 시 정육면체의 하나의 꼭짓점을 주목하면 먼저 출발 시의 정육면체가 바로 이 꼭짓점에 닿는 것을 알 수 있다. 또 출발 시 정육면체의 3면이 이 꼭짓점에 닿고 있다. 이 3면은 이동에 의하여 3개의 3차원 정육면체를 만든다. 그러므로 한 꼭짓점에 모여 있는 3차원 정육면체의 수는 모두 4개이다.

따라서 4차원 공간에서는

$$\bigcirc \text{ 한 점에는} \begin{cases} \text{서로 수직인 4개의 모서리} \\ \text{서로 수직인 6개의 면} \\ \text{서로 수직인 4개의 정육면체} \end{cases}$$

가 모여 있다. 더 자세한 증명은 피하겠지만 4차원 공간의

$$\bigcirc \text{ 한 모서리에는} \begin{cases} \text{서로 수직인 3개의 면} \\ \text{서로 수직인 3개의 정육면체} \end{cases}$$

가 모여 있고 한 면에는 서로 수직한 2개의 정육면체가 와 있다. 초정육면체를 3차원 공간에 착 밀어붙인 〈그림 25〉는 이렇게 만들어졌다. 중앙의 작은 정육면체를 보면 그 꼭짓점, 모서리, 면 등에 선이나 면 등이 얼마나 모여 있는가를 세면 된다. 단지 이 그림에서는 「서로 수직이다」라는 것은 알 수 없다. 실은 4차원인데 이것을 3차원으로 나타내었기 때문에 수직이 되지 않는 것은 별수 없다.

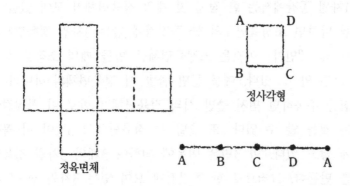

<그림 27> 정사각형의 전개도와 정육면체의 전개도

4차원 주사위의 전개도

앞 절에서는 초정육면체를 3차원 공간에 사영한 것에 대해 알아보았고, 이번에는 그 전개도를 알아보자. 전개도는 차원을 하나 떨어뜨린 도형이지만 사영과는 의미가 다르다. 정사각형 ABCD의 전개도는 그 주위를 실이나 접는 자처럼 생각하여 직선 ABCDA와 같이 한 것을 말한다. 정육면체의 전개도는 <그림 27>과 같다. 점선을 접어 풀로 붙이면 주사위가 된다.

초정육면체의 전개도는 <그림 28>과 같다. 8개의 정육면체가 초정육면체의 측면이 되고 이것들을 적당히 접어서 풀로 붙이면 초정육면체가 된다. 다만 어떻게 접는가를 따져 물으면 어떤 수학자나 물리학자라도 대답이 막힌다.

다만 다음과 같이 말할 수 있다. 보통 주사위의 6개의 측면 중 어느 측면을 보아도 다른 4개의 면과 접촉하고 있다. 바꿔 말하면 접촉되지 않는 면은 하나밖에 없다(예를 들면 주사위의 1의 면은 6의 면과 접촉되지 않고, 2의 면은 5의 면과 접촉되

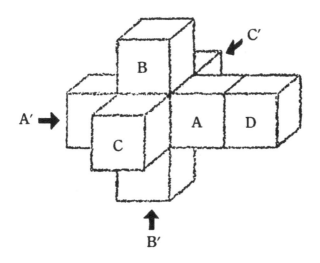

〈그림 28〉 초정육면체의 전개도

지 않는다). 마찬가지로 〈그림 28〉에서 8개의 작은 정육면체는 이것을 접어서 초정육면체를 만들 때 반드시 다른 6개의 작은 정육면체와 접촉하고 있다. 그리고 접촉되지 않는 작은 정육면체는 하나밖에 없다. 접촉하지 않는 것은 그림의 A와 A′, B와 B′, C와 C′, D와 D′(단 D′는 가려져 보이지 않는다)이다.

이 전개도에서 8개의 작은 정육면체를 하나하나 잘라 내면 정육면체 8개, 면 48개, 모서리 96개, 꼭짓점 64개가 되지만, 실제로는 이미 설명한 것처럼 초정육면체에서는 정육면체가 8개, 면이 24개, 모서리가 32개, 꼭짓점이 16개이다. 이것은 초정육면체 주위의 면은 2개의 3차원 정육면체에 공통이 되어 있고, 모서리는 3개의 정육면체, 꼭짓점은 4개의 정육면체에 공통이 되어 있는 것(수학적으로 말하면 공유되고 있다)을 말하며

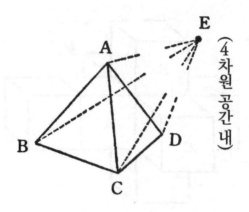

〈그림 29〉 오포체를 만든다

〈그림 25〉의 방식이 여기서도 통용된다.

4차원 정다면체

앞에서 알아본 초정육면체 이외에 4차원 공간의 정다면체에는 어떤 것이 있을까?

둘러싸는 선이나 면의 수가 가장 적은 도형은 2차원에서 삼각형, 3차원에서는 사면체이다. 따라서 4차원 공간에서는 5개의 사면체에 둘러싸인 초입체를 예상할 수 있다. 이것을 오포체(五胞體, 또는 5단체)라고 부른다.

한 정사면체를 마치 밑변처럼 생각해 본다. 그리고 4차원 공간에 점이 하나 뚝 떨어져 있다고 하자. 이 점과 사면체 주위의 4개의 정삼각형을 이용하면 4개의 사면체가 만들어진다. 이 4개의 사면체와 밑변까지 도합 5개의 사면체가 오포체를 싸고 있게 된다. 꼭짓점의 수는 사면체보다 1개 늘어 5개가 된다.

〈표 2-5〉

기호	입체	면	모서리	꼭짓점
C_5	5	10	10	5
C_8	8	24	32	16
C_{16}	16	32	24	8
C_{24}	24	96	96	24
C_{120}	120	720	1200	600
C_{600}	600	1200	720	120

〈표 2-6〉

기호	이름	경계다면체의 종류와 개수
C_5	오포체	5개의 정사면체
C_8	팔포체	8개의 정육면체
C_{16}	십육포체	16개의 정사면체
C_{24}	이십사포체	24개의 정팔면체
C_{120}	백이십포체	120개의 정십이면체
C_{600}	육백포체	600개의 정사면체

모서리의 수는 밑변의 사면체의 네 꼭짓점과 새로운 점을 잇는 4개가 늘어 10개가, 면의 수는 새로운 점과 밑면의 사면체의 6개 선을 이어서 6개의 정삼각형이 만들어져 합계 10이 된다. 이 오포체를 기호 C_5로 적자.

다음에 간단한 것은 먼저 얘기한 초정육면체인데 이것을 일명 팔포체(八胞體, 또는 8단체)라 부르고 기호로는 C_8이라 적

자. 이렇게 생각해 가서 4차원 공간의 정다면체를 전부 들면 결국 〈표 2-5〉의 여섯 종류가 있다는 것을 알게 된다.

이 초정육면체들의 경계는 정다면체, 정다각형, 모서리, 꼭짓점으로 둘러싸여 있는데 이 개수들은 초정육면체나 오포체로 센 것과 같은 방법으로 구할 수 있다. 〈표 2-6〉과 같다. 또 3차원 공간의 다면체는 어떤 모양의 것이라도(물론 정다면체가 아니라도 된다) 반드시

(꼭짓점의 수) − (모서리 수) + (면의 수) = 2

가 성립하는데 4차원 다면체는 다음과 같이 된다는 것을 덧붙여 두겠다.

(꼭짓점의 수) − (모서리의 수) + (면의 수) − (입체의 수) = 0

앞의 식은 오일러에 의해, 뒤의 것은 푸앵카레에 의해 발견된 공식이다.

3장
휜 공간

돌아오지 않는 비행기

장거리비행기의 비행 테스트가 실시되었다. 예정된 비행거리는 4,000㎞이다. ○시 ○분 서울 김포공항에서 동쪽을 향해 떠난 비행기는 동으로 1,000㎞ 날고 거기서 직각으로 우로 돌았다. 그리고 곧바로 남쪽을 향해 바다 위를 1,000㎞ 날고 다시 직각으로 우로 돌았다. 다음으로 서로 향해 1,000㎞ 날고 거기서 다시 직각으로 우로 돌았다. 마지막 1,000㎞는 진북으로 날아 출발 지점에 가까워짐에 따라 구름이 가려서 시계가 전혀 트이지 않았다. 아무튼 계기에 의지하여 북으로 1,000㎞ 날았다고 생각되는 지점에서 착륙하려고 운계(雲界) 밖으로 나갔다. 거기가 원래 출발한 공항 상공이었을까?

이것은 퀴즈의 일종으로, 답은 김포공항 상공이 아니다. 비행기는 강원도 홍천 부근의 상공에 있을 것이다. 보통으로 생각하면 한 변이 1,000㎞인 정사각형의 4변을 날았으므로 김포에 되돌아가야 한다. 그런데 답이 그렇게 되지 않으므로 이것이 퀴즈의 문제가 된다.

그러면 처음에 김포에서 남으로 1,000㎞ 날아서 일본 오키나와에 미처 못 가고 직각으로 좌로 꺾어 동으로 1,000㎞, 다시 북으로 1,000㎞, 다시 서로 1,000㎞를 날면 어디에 도착할까? 아마 서해 바다 위의 덕적도(德積島) 부근이 될 것이다.

정사각형을 그리면서 날았는데 왜 김포에 되돌아오지 않는가? 우리는 단순히 평면기하학적인 머리로 생각하지만 실은 이것은 구면기하학(球面幾何學)의 문제이다. 더 쉽게 말하면 지구는 둥글기 때문이다.

평면 위에 그려진 도형이라면 4개의 각이 전부 직각이고 세

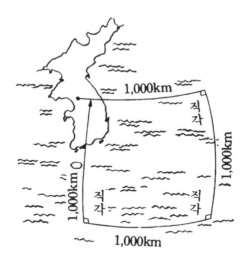

〈그림 30〉 1변 1,000km의 정사각형

변이 1,000km라면 나머지 한 변도 1,000km이다. 그런데 지구 같은 구면 위의 도형은 그렇게 안 된다.

지구의 표면에서는 북극과 남극을 연결하여 그은 경도와 위도의 간격은 적도에 가까울수록 길고 북극이나 남극에 가까울수록 짧다. 그리고 양극에서는 모든 경도가 교차하게 된다. 경도와 경도의 간격은 서울 부근에서 1,000km이지만 더 남쪽의 오키나와 제도 부근에서는 1,100km나 된다. 그러므로 처음 문제에서는 김포에서 1,000km 동쪽, 이것보다 1,000km 남쪽의 오키나와 제도 부근에서 1,000km 북으로 날았을 때 김포와 같은 경도에는 되돌아가지 못한다. 따라서 이 문제에서 비행기는 홍천에 도착한다. 또 나중 문제에서는 세 번째로 서쪽으로 날아도 김포의 진남까지 오지 못하므로 이 문제의 비행기는 결국 덕적도에 닿는다.

78

나팔꽃 덩굴은 몇 차원인가?

지금까지 얘기한 것에 따르면 1차원 공간이란 직선이었고, 2차원 공간이란 평면이었다. 그럼 곡선은 몇 차원인가? 곡면(曲面)은 어떤가?

모기향 같은 나선은 한 평면 안에 있다. 그러나 나팔꽃의 덩굴은 빙글빙글 돌면서 자라므로 3차원 공간이 아니면 수용하지 못한다. 그러면 모기향의 나선은 2차원이고, 덩굴은 3차원인가?

물론 「1차원이란 직선이며 2차원은 평탄한 면이다」라고 엄격히 규정해 버리면 모기향의 나선을 이해하는 데는 2차원 공간이 필요하고, 덩굴을 느끼는 데는 3차원의 지식이 필요하다. 그러나 수학적인 규정에서는 그 선만을 보게 되므로 모기향도 덩굴도 모두 1차원이다. 그 선 위에 있는 점의 위치를 나타내는 데는 1개의 변수만으로 족하기 때문이다. 곧바르지 않다는 것이 지금까지의 이야기와 다르지만 설사 휘었다고 해도 선 위의 점은 그 선을 벗어나지 않는다. 따라서 그것은 어디까지나 1차원의 문제라는 것이다.

가령 철도는 곧게 까는 편이 능률적이겠지만 지형이 복잡한 곳에서는 상당히 구불구불하다.

서울역에서 경부선을 따라 100㎞의 지점이라고 하면 철도국원은 어디쯤인지 알고 있다. 또 대전역의 위치는 서울역에서 360㎞의 지점이라고 한다. 실제로 하행열차를 타고 선로의 좌측을 주의해서 보면(선로의 양쪽에 서 있는 경우도 있다) 기점역(起點驛)으로부터의 ㎞ 거리를 표시하는 표지를 볼 수 있다. 또 큰 표지 사이사이에는 100m마다 작은 표지가 서 있다.

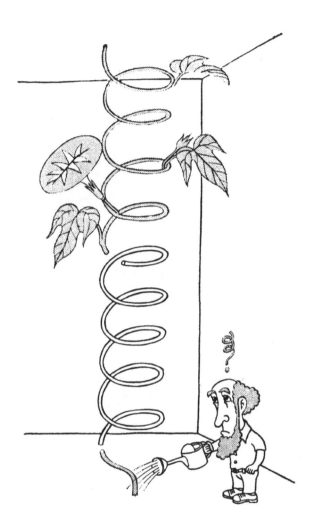

나팔꽃 덩굴은 몇 차원?

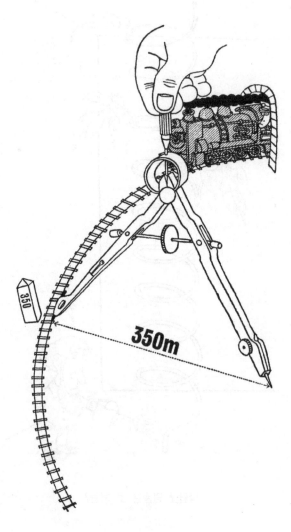

노선 표지에 주의

조금 뒤에 「곡률」에 대해 이야기하겠지만 선로 옆에 세워 놓은 작은 표지는 실은 선로의 휜 모양을 알리는 숫자이다. 숫자는 선로의 곡률 반지름이며 단위는 m이다. 수치가 작을수록 많이 휘었다는 표시가 되고, 반지름 300m라면 상당히 심하게 휘어 있으므로 기차는 속력을 떨어뜨려야 한다.

마찬가지로 구면이나 원기둥 측면같이 휜 면일지라도 이것이 2차원의 면임에는 변함이 없다. 면 위의 점 위치를 나타내는 데는 2개의 변수면 충분하기 때문이다. 예를 들면 지구상의 어떤 지점은 동경 몇 도, 북위 몇 도라고 하면 그만이다. 이렇게 곡면도 2차원 공간이지만 휘지 않는 평면에 비하면 사정은 여러 가지로 복잡해진다.

여기서 문제 삼고 싶은 것은 3차원 공간이다. 3차원 공간은 우리 눈앞에 한 종류밖에 없다. 이 공간은 곧바른가, 휘었는가? 누구의 눈에도 곧바른 것은 곧바르게 보이므로 아무래도 이 공간은 곧바른 것 같다. 그런데 만약 휘었으면 어떻게 될까? 또 3차원 공간이 휘었다는 것은 어떤 것일까? 이것은 4차원 공간을 생각하는 만큼 어려운 문제이다.

그러나 평면과 곡면의 관계를 유추함으로써 휘어 있는 3차원 공간을 어느 정도 이해하는 것은 가능하다. 먼저 휜 공간에의 입구로서 평면이 곡면으로 되어 있다면 어떻게 될까를 먼저 생각해 보기로 하자.

이상한 구면

곡면에는 여러 가지 종류가 있다. 먼저 지구의 표면과 같은 구면을 알아보자. 이것이 평면과 어떻게 다른가를 조사하자. 궁

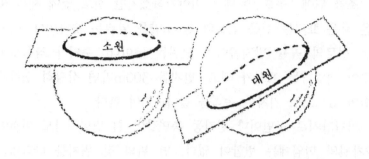

〈그림 31〉 대원과 소원

극적으로는 곧바른 3차원 공간과 휜 3차원 공간은 여러 가지 기하학적 조건이 어떻게 다른가를 이해하는 데 목표가 있다.

구의 중심을 지나는 큰 평면과 교차하여 생기는 원을 대원 (大圓)이라 한다. 그리고 대원 외에, 즉 구의 중심에서 벗어나서 구면에 그려진 원을 소원(小圓)이라 한다. 지구 표면에 설정된 경도는 모두 대원이지만 위도는 1개를 제외하고는 전부 소원이다.

그런데 평면상에는 직선을 그릴 수 있으나 구면상에는 보통의 직선이 없다. 그래서 「직선」이라는 말을 넓은 뜻으로 해석해 보자.

평면상에서, 점 A 및 점 B를 지나는 직선이란 A와 B를 잇는 가장 가까운 거리의 선이다. 한편 구면상의 두 점 A, B를 잇는 직선은 실제로 없지만 가장 짧은 선은 존재한다. A와 B를 통과하는 대원이 그것이다. 정확히 말하면 대원에 따라 A에서 B로 가는 데는 두 가지 길이 있으나 짧은 쪽이 가장 가까운 거리의 선이다. 곡면기하학에서는 이것을 측지선(測地線)이라 한다.

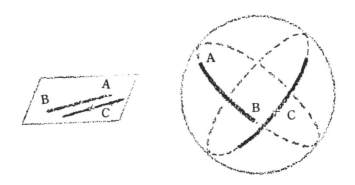

〈그림 32〉 측지선과 평행선

메르카토르식 세계지도를 보면 부산을 떠나 샌프란시스코와
연결되는 항로가 북쪽으로 크게 휜 것같이 그려져 있는데 실은
이것이 측지선이다. 구면을 지도처럼 평면으로 고쳐 그릴 때는
길이나 모양에 무리가 생기며 긴 것이 짧게, 짧은 것이 길게
되어 버린다. 태평양 횡단은 북방을 우회하는 편이 훨씬 짧다.
오히려 「북방을 우회한다」는 말부터 틀리다.

A, B를 잇는 측지선은 A, B가 구의 양단(예를 들면 남극과
북극)이라면 무수히 그을 수 있으나 그렇지 않으면 확실하게 1
개만 그을 수 있고, 2개 이상은 절대로 그을 수 없다.

그런데 평면상에서 직선 AB와 직선 CD(AB나 CD를 어느
쪽으로든 아주 길게 연장해서 생각한다)가 평행이라는 것은 어
떻다는 것인가? 2개를 아무리 연장해도 영원히 교차하지 않는
다는 것이다(앞에서는 무한히 먼 곳에서 교차한다고 표현하였
다). 평면상에서는 C를 통과하여 AB에 평행한 직선은 확실하
게 1개는 존재하지만 2개 이상은 그을 수 없다.

구면에서는 어떨까? 구면에서는 평행한 직선(이런 경우의 직선이란 측지선이다. 앞으로는 측지선을 간단히 직선이라고 할 때도 있을 것이다)은 존재하지 않는다. 예를 들어 지구의 경도를 보아도 북극과 남극에서 모두 한 점에 모인다. 구면상에서 2개의 원을 어떤 방법으로 그려 봐도 반드시 두 점에서 교차한다.

그러나 위도는 교차되지 않는다. 그렇다고 해서 구면상에도 평행한 직선이 존재한다고 생각하는 것은 잘못이다.

우리는 지금 「평행한 직선」을 문제 삼고 있다. 되풀이하지만 구면상에서 직선(정확히는 측지선)이라 부를 수 있는 것은 대원뿐이다. 위도선은 직선이 아니다. 따라서 구면상에서는 평행 직선이 존재하지 않는다. C점을 통과하여 직선 AB에 평행한 직선은 없다. 이것은 나중에 말할 것처럼 공간이 곧바른가, 휘어 있는가를 구별하기 위해서는 가장 중요한 일이다.

휜 공간

우리의 목적은 4차원 공간이란 어떤 것인가를 아는 것이다. 앞 장에서는 4차원 공간의 산물로서 초정육면체나 오포체 등을 유도하였다. 그러나 이것은 어디까지나 곧바른 공간 안에서의 이야기이며, 공간이 휘었다면 사정은 달라진다.

우리는 언제나 종이 위에 글을 쓰며, 그림을 그리고, 도형을 그린다. 즉, 평면 위에 무엇을 그리는 버릇에 익숙해져서 자칫하면 휜 것을 잊어버리기 쉽다.

세계지도를 몇 번이나 보고 있노라면 어느새 인도가 그린란드보다 작다고 착각한다. 알래스카와 영국이 굉장히 멀리 떨어

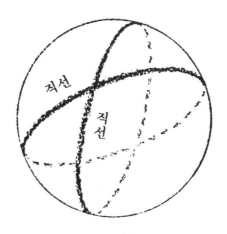

〈그림 33〉 구면에서 평행 직선은 존재하지 않는다

졌다고 생각하기 쉽다. 또 한 점을 통과하는 평행선은 1개뿐이라든가, 삼각형의 내각의 합은 2직각(180도. 뒤에서 자세히 설명하겠다)이라는 것이 우리의 상식이다.

그런데 이 사실들은 결코 절대적인 것은 아니다. 「만일 휘지 않았다면」이라는 단서가 붙어야 성립한다. 오히려 이 세상에는 휜 것이 더 많고 곧바른 면이 특수한 경우라고 할 수도 있다.

평면도형에 관한 기하학은 고대 그리스 시대부터 연구되어 왔으나 휜 면에서의 기하학을 만들어 낸 것은 그리 오래된 일이 아니다.

휜 면은 모형으로도 만들 수 있고 머릿속에서 생각하는 것도 그다지 어려운 일은 아니다. 그러나 3차원 공간이 휘었다는 것에 대해서는 짐작할 수조차 없다. 나중에 얘기하겠지만 많은 혁명적 발견과 마찬가지로 이것도 천재 수학자에 의해 개발된 것이다.

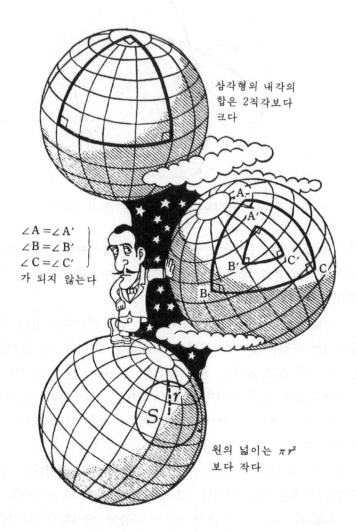

구면의 여러 가지 성질

4차원 공간을 연구하는 것처럼 3차원 공간이 휜 것도 공간론(空間論)에 있어서는 중요한 과제이다. 오히려 공간의 차원을 문제로 삼을 때에는 반드시 휜 것도 알아보아야 한다. 즉, 차원을 하나 늘리면 어떻게 되는가 하는 것과 동시에 실제로 공간이 휘었다면 어떤 결과가 되는가도 추구해야 한다.

우리가 사는 우주공간의 성질을 자세히 조사한 것은 아인슈타인이다. 그는 최고의 물리학자였지만 수학에는 아마추어였다. 아무리 물리학자로서의 직감력이 뛰어나도 복잡한 수학을 모르면 자연계의 메커니즘을 정확하게 해명할 수 없다. 그가 특수상대성이론에 이어 일반상대성이론을 전개할 수 있었던 것은 동료 수학자의 날카로운 시사가 있었기 때문이라고 한다. 그 수학자는 그에게 수식으로 알려 주었다. 「우주공간은 휘었다」고 말이다.

평면기하학은 쓸모없다

휜 3차원 공간은 까다롭기 때문에 다시 구면으로 이야기를 되돌리기로 하자. 구면상에 그려진 도형을 연구하는 학문을 구면기하학이라 한다. 평면기하학과의 차이는 앞에서 얘기한 대로 「평행한 2개의 직선은 존재하지 않는다」라는 것 외에 「직선에는 끝이 없지만 길이는 유한하다」든가, 「삼각형의 내각의 합은 2직각보다 크다」는 것 등이다. 예를 들면 지구 위에서 꼭짓점을 북극으로, 밑변을 적도로 잡으면 밑변의 양쪽 내각은 모두 직각이 된다. 그러면 2각의 합만으로 2직각이 되므로 다시 꼭지각을 더한 내각의 합은 반드시 2직각보다 커진다.

두 도형의 크기와 모양이 같을 때 이 둘은 「합동」이라고 한다. 모양은 같지만 크기가 다른 때는 「닮았다」고 한다.

그렇다면 두 삼각형이 합동인 것은, 세 변의 길이가 각각 같거나 두 변과 그 사잇각이 같거나 한 변과 그 양단의 각이 같을 경우인데, 이것은 평면기하학에서나 구면기하학에서나 모두 성립하는 조건이다. 그런데 「세 각도가 각각 같은」 두 삼각형은 평면에 그려진 것이라면 닮은꼴에 지나지 않지만 반지름이 같은 구면 위에 그려진 경우라면 합동이 된다. 바꿔 말하면 각도는 모두 같고 크기만 다른 두 삼각형이 같은 구면 위에 그려진 경우는 합동이 된다. 다시 말하면 각도는 모두 같고 크기만 다른 두 삼각형을 같은 구면 위에 그릴 수 없다. 공간이 곧바른가, 휘어 있는가의 차이가 이런 데서 나타나게 된다.

평면 위에 그려진 반지름 r인 원의 넓이 S는 r의 제곱에 비례한다. 식으로 쓰면

$$S = \pi r^2$$

이다. π는 원주율이다.

그럼 같은 반지름 r의 원을 구면 위에 그리면 넓이는 어떻게 될까? 평면상의 원에 비해 넓이는 작고 원주도 짧아진다. 또 이것은 구의 크기에도 관계가 있다. 같은 반지름이라도 큰 구면 위에 그리는가, 작은 구면 위에 그리는가에 따라 원의 넓이는 달라진다.

일정한 구면상에 여러 가지 반지름의 원을 그려 보자. 반지름이 2배, 3배……가 되어도 보통 생각하는 것같이 구면상의 원의 넓이가 4배, 9배……가 되지는 않는다. 넓이 S를 반지름 r의 함수로서 그래프에 그려 보면 〈그림 34〉와 같다. 여기에서

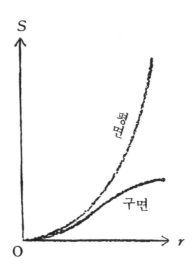

〈그림 34〉 반지름 r과 넓이 S의 관계

알 수 있는 것처럼 평면상의 원의 넓이는 포물선 모양으로 증
가해 가지만 구면상의 원은 증가하는 경향이 r이 커지는 데 따
라 둔해진다.

　그러므로 반지름 몇 m의 원 안의 땅을 준다고 했을 때 구면
상의 땅을 가지는 것보다 평면의 땅을 가지는 것이 득이 된다.
물론 지구처럼 큰 구에서는 가령 몇십 km²의 땅일지라도 구면이
기 때문에 생기는 넓이 차이는 거의 문제가 되지 않는다.

　아무튼 원의 넓이가 반지름의 제곱에 비례하는가, 하지 않는
가가 2차원 공간이 곧바른가, 휘었는가의 기준이 되는 것은 알
고 있어야 한다.

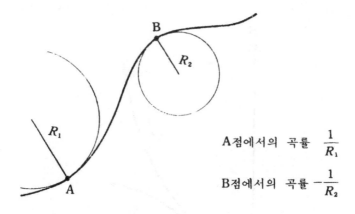

A점에서의 곡률 $\dfrac{1}{R_1}$

B점에서의 곡률 $-\dfrac{1}{R_2}$

〈그림 35〉 곡선의 곡률

곡률

「휘었다」는 것은 공간을 생각하는 데 있어서 없어서는 안 되는 개념이다. 그러나 4차원 공간을 상상하는 것이 어려운 것만큼 휜 3차원 공간을 생각하는 것도 어렵다. 그래서 우리는 휜 2차원 공간(곡면)에 대해 충분한 지식을 얻은 다음에 이것을 더 고차원의 휜 공간에 적용시켜 가자.

지금까지는 구면만을 알아보았으나 곡면에는 이 밖에 여러 가지 종류가 있다. 「어떻게 휘었는가?」는 선분의 길이라든가, 두 직선이 만드는 각도 등과 마찬가지로 공간이 가지고 있는 하나의 성질이다. 휜 방식에도 심하게 휜 것도 있고 부드럽게 휜 것도 있다. 따라서 이것은 하나의 양이다. 양인 이상 이것을 수치로 表現하는 것이 가능하다. 조금도 휘지 않았을 경우에는 0, 심하게 휘면 큰 값이 되는 것같이 휘었다는 성질을 수치로 나타내기로 하자.

임의의 곡선이 있을 때, 가령 이것이 어떤 선이든 그중 아주 짧은 부분은 원주의 일부라고 볼 수 있다. 그리고 이 원의 반지름을 곡률 반지름이라고 한다. 1개의 원에서는 원주상의 어떤 부분이라도 곡률 반지름은 같지만 포물선은 중심 부분의 곡률 반지름이 짧고, 중심에서 멀수록 곡률 반지름이 길다. 넓은 뜻으로 해석하면 「직선이란 곡률 반지름이 무한대인 곡선이다」라고 할 수도 있다.

이 곡률 반지름의 역수(3의 역수는 1/3, 0.2의 역수는 5인 것처럼 1을 그 수로 나눈 것을 역수라고 한다)를 곡률이라 한다. 단 곡률에는 부호를 붙여, 예컨대 아래로 볼록할 때는 플러스, 위로 볼록할 때는 마이너스라 한다. 휜 것이 심할수록 곡률(마이너스라면 그 부호를 바꾼 값)은 커진다.

가우스의 발견

지금까지는 곡선의 곡률에 대해 얘기했는데 그러면 면의 곡률이란 무엇을 말하는가? 예를 들면 원기둥은 측면에서 수평 방향으로는 잘 휘었는데 위아래 방향으로는 곧고 휘지 않았다. 원뿔의 측면도 한 방향(모선의 방향)으로는 곧지만 이것과 각도를 가진 방향으로는 휘었으며, 이에 반해 구면은 어디를 향해도 똑같이 휘었다.

따라서 곡면상의 한 점을 지정해도 그 점에서의 면의 휘어짐은 방향에 따라 달라진다(어느 방향으로도 똑같이 휜 특수한 경우가 구이다). 또 일반적으로 곡면의 곡률은 점만이 아니고 방향도 지정하지 않으면 결정할 수 없다.

곡선상의 한 점에 하나의 점선을 그을 수 있는 것같이 곡면

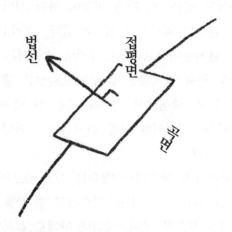

<그림 36> 곡면의 법선

상의 한 점에는 보통 하나의 접평면(接平面)을 만들 수 있다. 접평면이 만들어지면 접점을 지나 접평면에 수직인 직선을 하나만 그을 수 있어서 이 직선을 곡면의 법선(法線)이라 한다.

법선을 그을 수 있으면 앞의 접평면은 생각하지 않고 이번에는 법선을 완전히 싸 버리는 평면(즉, 이 평면상에 그은 선의 하나가 법선이 된다)을 생각해 보자. 이 평면은 앞에서 설정한 접평면과는 수직이 되어 있을 것이다.

법선을 완전히 싸 버리는 평면은 하나뿐이 아니다. 법선을 축으로 하여 이 평면을 빙글빙글 돌리면 무수히 많이 있는 것을 알 수 있다. 이 평면들은 모두 법선을 포함한다. 이때 이 평면과 원래의 곡면의 교차는 곡선이 되지만 평면을 돌리면 교차하여 생기는 곡선의 모양도 여러 가지로 변한다. 이렇게 해서 생기는 곡선의 접점에서의 곡률 중 가장 큰 것을 m, 가장 작은 것은 n이라 하자. 그리고 곡면이 겉쪽으로 부풀어 있는 경우 곡률이 플러스라고 한다(물론 어느 쪽이 겉인가 구별할 수 없을 때가 많지만 요컨대 구나 타원체에서는 곡률을 플러스로 하는 것이 관습이다). 만일 어떤 방향의 곡률이 마이너스라면(즉 오므라져 있으면) n은 마이너스로서 절댓값이 가장 큰 것을 선정한다. 원기둥에서는 m은 밑면의 원과 같은 곡률이며 n은 0, 구에서는 m도 n도 대원의 곡률과 같다.

또 이 m과 n을 써서 다음과 같이 평균 곡률 H를

$$H = \frac{1}{2}(m + n)$$

라 정의하고, 전곡률 K를

$$K = m \times n$$

이라 정의한다.

이 K는 가우스가 생각해 낸 것이며 가우스의 전곡률이라 불린다. 가우스는 평면상의 곡선의 곡률을 3차원의 유클리드 공간에 확장하였는데, 그의 제자 리만은 이것을 더욱 다차원의 공간으로 확장하였다. 아인슈타인이 리만 기하학을 써서 새로운 중력 이론을 유도한 것은 그 후 반세기 이상 뒤의 일이었다.

그런데 전곡률 K와 곡면의 모양 사이에는 어떤 관계가 있을까? 이것을 알아보는 데는 K의 부호에 주의하여 K가 플러스일 때, 0일 때, 마이너스일 때의 세 가지로 나눠 생각하는 것이 보통이다.

예를 들면 다음 그림의 타원면을 보면 어느 점에서도 부풀어 있으므로 최대곡률 m도 최소곡률 n도 모두 플러스이다. 따라서 럭비공과 같은 회전타원면(回轉楕圓面)의 전곡률 K는 플러

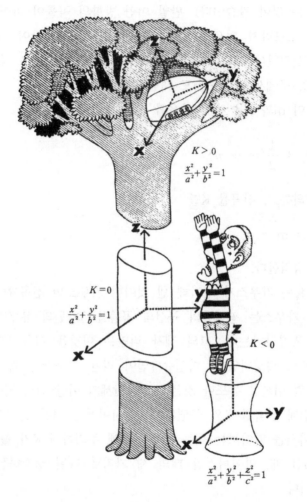

$K > 0$

$$\frac{x^2}{a^2} + \frac{y^2}{b^2} = 1$$

$K = 0$

$$\frac{x^2}{a^2} + \frac{y^2}{b^2} = 1$$

$K < 0$

$$\frac{x^2}{a^2} + \frac{y^2}{b^2} + \frac{z^2}{c^2} = 1$$

전곡률 K와 곡면의 모양(위에서 타원면, 타원기둥 측면,
일엽쌍곡면)

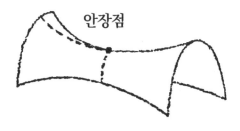

안장점

〈그림 37〉 안장점

스이다.

이에 비해 K가 마이너스인 대표적 예는 일엽쌍곡면(一葉雙曲面)이다. 이것은 어디를 봐도 세로 방향으로 오므라져 있으며 가로 방향으로는 부풀어 있다. 따라서 m은 플러스, n는 마이너스이며 이들의 곱 K는 마이너스가 된다.

또 K가 0인 예는 타원기둥의 측면이다.

말안장의 기하학

구나 타원체처럼 어디를 보아도 바깥쪽으로 부풀어진 표면의 전곡률은 플러스이다. 전곡률이 마이너스가 되는 것은 어떤 방향은 부풀어 있고 다른 방향으로는 오므라진 경우만이다. 앞에서는 일엽쌍곡면의 예를 들었는데 마이너스의 전곡률을 설명할 때에는 모형으로 말안장을 들 때가 많다. 말안장의 중앙은 앞뒤 방향에서 보면 골짜기의 바닥(정확히 말하면 극소점)이 되어 있고, 좌우 방향에서 보면 산꼭대기(극대점)가 되어 있다. 이런 점을 수학에서는 「안장점」이라 할 때가 있다.

안장점을 때로는 「언덕점」이라고도 한다. 언덕을 넘는 길에 따라서는 제일 높지만 마루의 선을 따라가면 언덕점은 제일 낮아질 때가 많다.

그럼 언덕점을 중심으로 반지름 r의 원을 그리면 넓이는 πr^2보다 클까, 작을까? 이것은 구면의 경우에 적용하면 꽤 이해하기 어렵다. 그 때문에 먼저 전곡률이 0인 원기둥의 측면에 원을 그리고 그 넓이를 생각해 보기로 하자. 그렇게 하는 편이 곡률이 마이너스인 면의 성질을 이해하기 쉽다.

편평한 종이 위에 원을 그리고 그 종이를 둥글게 말아 원통으로 만들어 보자. 그러면 평면상의 원은 그대로 원기둥면 위의 원이 된다. 종이의 신축이 없다고 하면 이런 경우는 원주의 길이도 원의 넓이도 평면인 경우와 변함이 없다.

여기에서 안장점을 만들려면 원기둥 측면의 곧바른 부분(즉 원기둥의 축에 평행한 방향)을 무리하게 오므라지도록 휘면 된다. 물론 원기둥이 늘어나기 쉬운 고무로 되어 있지 않으면 그럴 수 없다. 어쨌든 이렇게 무리하게 휘면 그 위의 원주가 늘어나서 길어지는 것을 알 수 있을 것이다.

이때 많은 동심원(중심이 같고 반지름이 다른 원)이 좁은 간격으로 그려져 있으면 모든 원주가 늘어난다. 또 원과 원 사이의 가는 고리 모양의 넓이도 당연히 커진다. 그러므로 안장점을 중심으로 그려진 반지름 r의 원의 넓이는 πr^2보다도 커진다.

이 넓이 S를 반지름 r의 함수로 그리면 〈그림 38〉과 같다. 아무튼 전곡률이 마이너스인 공간에서 원의 넓이는 반지름의 제곱보다도 훨씬 급히 증대해 간다.

또 전곡률이 마이너스가 되는 곡면은 도넛의 안쪽에 해당하고 도넛의 바깥쪽은 전곡률이 플러스이다. 플러스인 부분과 마

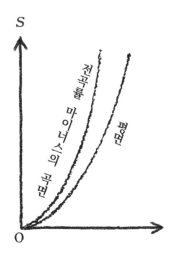

〈그림 38〉 반지름 r와 넓이 S의 관계

〈그림 39〉 전곡률 마이너스의 예

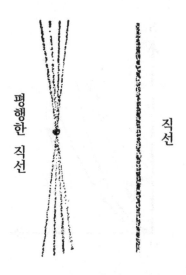

평행한 직선

직선

〈그림 40〉 로바쳅스키 기하학

이너스인 부분의 경계선상에서 곡면의 전곡률은 0이다.

의구

구면상에서 어떤 점을 잡아도 전곡률은 플러스의 일정 값이
되어 있다. 그러면 어떤 부분에서라도 전곡률이 마이너스의 일
정 값이 되는 곡면이란 어떤 것인가?

그러나 현실적으로 어떤 곡면인가 하는 것보다도 그러한 곡
면에 그어진 선이나, 그려진 도형은 어떤 성질을 가지고 있는
가 하는 기하학 쪽이 먼저 발달하였다. 특수한 기하학의 발견
자는 러시아의 로바쳅스키와 헝가리의 야노스 볼리아이였다.

로바쳅스키 기하학은 구면과 반대의 경우이므로 한 점을 지나

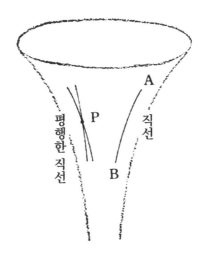

<그림 41> 벨트라미의 구면

하나의 직선에 평행한 직선은 무수히 많이 있을 것이다. 또 이 곡면상에 삼각형을 그리면 내각의 합은 2직각보다 작아진다.

1868년 이탈리아의 벨트라미는 로바쳅스키 기하학이 성립하는 곡면에 의구면(擬球面)이라고 이름을 붙였다. 곡면의 모형은 <그림 41>과 같다. 직선(정확히는 측지선) AB에 대해 P를 지나는 직선이 2개 그려져 있으나 둘 다 AB(의 연장)와는 교차하지 않는다. 즉, 평행이다. 이렇게 P를 지나 AB에 평행한 직선은 그 밖에도 많다. 또 이 곡면상에 그린 삼각형 ABC를 보면 내각의 합이 2직각보다 작아지는 것을 알 수 있다. 이것에 대하여 삼각형 내각의 합은 2직각보다 크다는 구면상의 기하학을 만들어 낸 것은 앞에서도 나온 독일의 리만이다. 그는 구면에서 출발하여 휜 곡면, 휜 공간의 기하학을 새로 만들었다.

평면상의 기하학은 그리스 시대로부터 잘 알려진 유클리드 기하학이다. 또 3차원 공간에서도 한 점을 지나 하나의 직선에 평행한 직선은 하나밖에 존재하지 않는다는 설정에서부터 시작하는 것은 3차원 유클리드 기하학이다. 그리고 우리가 사는 3차원 공간은 유클리드적인 공간, 즉 휘지 않는 공간이라고 오랫동안 믿어 왔다.

제5공준의 수수께끼

수학이라는 학문은 그 바닥에 공리가 있고 이 공리를 인정하면 그것에서 어떻게 사상(事象)이 발전되는가를 연구하는 학문이다. 특히 기하학에서는 이것이 분명하다. 보통은 공리 자체가 자명하며 이것을 다른 사항을 통해 증명할 방법은 없다.

유클리드 기하학의 공리는 정확히 말하면 다섯 공리와 공준으로 구성되어 있다.

공리의 하나를 들면 「같은 것과 동일한 것은 서로 같다」인데 얼핏 듣기에는 무슨 철학 문제 같은 느낌이 든다. 요컨대 B라는 도형이 A라는 도형과 같고(A=B), C라는 도형도 또한 A와 같으면(A=C), B와 C는 같다(B=C)는 주장이다. 뻔한 것으로 사람을 놀리지 말라고 하고 싶은 이야기이지만 이것이 수학이다. 「자명한 것」과 「얼핏 보아도 자명한 것같이 보이지만 그렇지 않은 것」을 구별 지어야 하기 때문이다. 그러기 위해서는 이러한 사실을 공리로서 따져 둘 필요가 있다.

다섯 개의 공준도 마찬가지로 기하학의 기본적인 사항에 대하여 설명하고 있다. 처음 넷은 자명한 것으로 받아들여지고 있으나 공준의 다섯 번째만은 문제가 되었다.

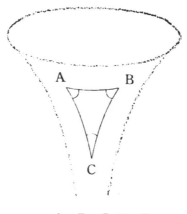

$$\angle A \angle B \angle C < 2 \angle R$$

〈그림 42〉 의구면 위의 삼각형

　그것은 「두 직선이 이들과 다른 한 직선과 교차하고 있고, 만일 같은 쪽에 있는 내각의 합이 2직각보다도 작다면 이 두 직선을 내각 쪽으로 연장해 가면 반드시 어디선가 교차한다」는 것이다.

　아주 까다로운 설명이지만 간단히 말하면 「만약 두 각도가 다르면 직선은 교차한다」 또는 「만약 직선끼리 평행하다면 이들이 다른 직선과 교차할 때의 각도는 같다」는 것이다. 이것은 공리, 공준의 다른 항목과는 전혀 무관한 내용이다. 물론 이것을 증명할 수는 없다.

　그래서 그는 이것을 다섯 번째 공준으로 추가한 것 같다. 이 항이 없었더라면 「삼각형의 내각의 합은 2직각과 같다」는 중요한 정리는 나오지 못했을 것이다.

　이 평행에 대한 항목은 후세의 수학자들이 여러 가지로 논의

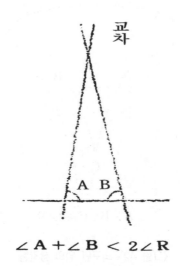

$$\angle A + \angle B < 2\angle R$$

〈그림 43〉 유클리드 기하학의 제5공준

하여 자명한 것도 아니며, 다른 공리와 동일시해야 할 것도 아니라고 지적하였다. 이러한 결함은 있었지만 그래도 어떻게든지 이것을 증명하려고 몇 세기 동안 헛된 노력이 계속되었다.

유클리드의 주장 자체는 결코 틀린 것은 아니다. 다섯째 공준을 바꿔 말하면 「한 점을 지나 한 직선에 평행한 직선은 확실하게 하나만 그을 수 있다」이지만 이 항목 자체에는 아무 모순도 없다. 그리고 이것이 유클리드 기하학의 바탕이다.

비유클리드 기하학

유클리드가 제창한 다섯 공리, 다섯 공준 가운데 마지막 항을 없애고 그 대신 「한 점을 지나 한 직선에 평행한 직선은 많

3장 휜 공간 103

이 그을 수 있다」고 하면 유클리드 기하학과 다른 기하학이 성립한다. 이것이 로바쳅스키 기하학이다. 이 기하학도 그 자체는 결코 내부 모순을 포함하고 있지 않다. 이것을 모형적으로 연구하고 싶을 때에는 의구면을 생각하면 된다. 또 「평행한 직선은 존재하지 않는다」라고 하면 리만 기하학이 성립되고 이것 또한 내부 모순이 없으며 모형으로서는 구면을 생각하면 된다.

기하학을 분류해 보면

○ 유클리드 기하학

○ 비유클리드 기하학 $\left\{ \begin{array}{l} \text{로바체프스키 기하학} \\ \text{리만 기하학} \end{array} \right\}$

이 되지만 비유클리드 기하학을 넓은 뜻으로 리만 기하학이라고 할 때도 있다.

예를 들면 무한히 긴 직선 AB가 있고 AB 이외의 다른 곳에 점 P가 있다. P를 지나 무한히 긴 직선 CD가 있는데 CD는 P를 축으로 하여 평면 내를 시계 반대 방향으로 회전하고 있다고 하자. 이때의 모양을 세 종류의 기하학에 의해서 알아보면 다음과 같이 표현할 수 있다.

① **유클리드 기하학** 두 직선의 교점은 우로 이동해 가지만 오른쪽에 교점이 없어진 순간에 교점은 좌측에 나타난다.

② **로바쳅스키 기하학** 오른쪽에 교점이 없어진 후에도 CD는 잠시 그대로 회전을 계속한 다음에 왼쪽에 교점이 나타난다.

③ **리만 기하학** 어느 시간 동안 교점은 오른쪽에도 왼쪽에도 존재한다.

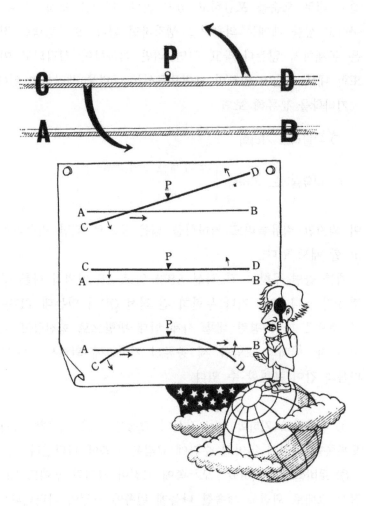

세 종류의 기하학

어느 것이 옳고 어느 것이 틀렸다고 논의해 봐도 끝이 없다. 「수학」이라는 학문에서 공리란 가장 근본적인 「가정」이라고 말할 수 있다. 어떤 공리를 출발점으로 하여 여러 법칙이 유도되고 발전적인 구조가 만들어져 가면 그것으로 만족된다.

이렇게 생각해 가면 2차원, 3차원에 한정되지 않고 공간이란 무엇인가 하는 의문에 부딪친다. 곧발라도 공간, 휘었어도 그것은 그 나름으로 또한 공간이다. 특히 3차원에서는 유클리드가 말한 것같이 한 점을 지나 1개의 평행선만을 그을 수 있는 것만이 공간이라고만 말할 수는 없다. 적어도 기하학적인 입장에서는 그렇지 않은 것도 공간이라고 한다. 그러므로 공간이란 무엇인가 물으면 「기하학적인 실체로서의 경계가 없는 연속체이다」라고 정의하는 것이 이치에 맞지 않을까?

다차원 구의 부피

구의 부피와 표면적에 대해 생각해 보자. 물론 3차원의 경우만이 아니고 1차원, 2차원, 일반적인 n차원에 대하여 생각해 보자. 다만 어떤 경우라도 반지름은 r이라고 한다.

○ **1차원**   구의 중심은 직선상의 한 점에 있고 중심에서 오른쪽으로 r, 왼쪽으로 r 연장한 길이 2r의 선분이 구의 부피에 해당한다. 표면적은 선분의 오른쪽 끝과 왼쪽 끝의 점이며 단순한 점이므로 공간적인 양은 가지지 않는다.

○ **2차원**   2차원의 구란 실은 원이다. 부피(실은 넓이)는 πr^2, 표면적(실은 원주)은 $2\pi r$이다.

○ **3차원**   이것이 보통 말하는 구이며 알다시피 부피는 4π

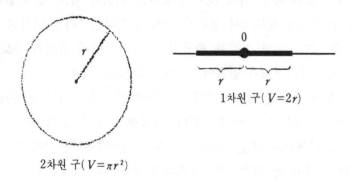

2차원 구($V=\pi r^2$)

1차원 구($V=2r$)

〈그림 44〉 1차원 구와 2차원 구

$r^3/3$, 표면적은 $4\pi r^2$이 된다.

○ **4차원** 4차원의 구(초구라고 해야 하겠지만 차원에 관계 없이 구라고 말하기로 한다)의 부피나 표면적은 어떻게 될까?

4차원 구란 어떤 것인가 해도 직감으로 상상할 수 없다. 아마 가로, 세로, 높이와 또 하나, 네 번째 차원의 방향으로도 둥글게 되어 있을 것이다. 수학이라는 추리 체계를 쓰면 부피나 표면적을 정확하게 계산하는 것이 가능하다.

4차원 정육면체의 부피는 L^2이다. 그러나 부피의 값을 알았다고 해서 초정육면체의 모형을 만들 수 있는 것은 아니다. 이와 마찬가지로 4차원 이상의 구의 모형은 상상할 수 없으나 적분이라는 계산 수단을 쓰면 부피나 표면적을 구할 수 있다. 그 결과는

4차원 구의 부피 $\dfrac{1}{2}\pi^2 r^4$, 그 표면적은 $2\pi^2 r^3$

5차원 구의 부피 $\dfrac{8}{15}\pi^2 r^5$, 그 표면적은 $\dfrac{8}{3}\pi^2 r^4$

으로서 부지런하기만 하면 얼마든지 계산할 수 있다.

4장
해프닝

정말 알고 싶은 것

우리는 이제 4차원의 세계가 현실에 있는가, 없는가 하는 기본적인 물음에 처하게 되었다. 만약 4차원 세계가 존재한다면 그것은 어떤 것이며, 어디서 볼 수 있는가를 설명해야 할 것 같다. 또 그것은 서울의 한복판에서도 볼 수 있는가, 탐험대를 조직하여 히말라야 같은 곳에 가야 볼 수 있는가, 또는 달에 있는가를 밝혀야겠다.

지금까지 초정육면체나 오포체 등에 대하여 이야기해 왔다. 공간이 휘었다면 어떻게 되는지, 또 곧바른 공간과 비교하여 어떻게 다른지를 알아보았다. 그리고 이와 같은 내용들에 대해서는 어느 정도 윤곽이 잡힌 것으로 짐작한다. 그렇다면 누구나 이것으로 만족했을까?

그렇지 않을 것이다. 우리는 선생이 가르쳐 준 것만을 외워서 시험장으로 나가는 학생이 아니다. 외울 의무에 매인 것도 아니고 자기가 알고 싶어서 이 책을 구매한 만큼 책에서 충분히 납득이 갈 만한 지식을 얻을 권리가 있다.

여기서 누구나 당연히 이렇게 질문할 것이다.

「만약 4차원 공간이 있다면 물론 오포체도 존재할 것이다. 또 초정육면체는 여기에 쓰인 것 같은 성질이 있을 것이다. 공간이 곧바르다면 보통의 평행선이 있고, 만약 휘었다면 평행선이 없거나 거꾸로 무수히 있을 것이다. 그러나 다시 생각해 보면 이 이야기들은 모두 만약 '4차원 공간이 있다면' 또는 '만약 공간이 휘었다면'과 같은 전제 아래의 이론이다. 그런데 우리가 진짜 알고 싶은 것은 이 만약이라는 것이다. 가정의 이론이나 옛날이야기를 들을 틈이 없다. 이 현세가, 우리가 사는 이 공간이 4차원인지 어떤지, 또는 휘었는지, 그렇지 않은지를 알고 싶다.」

이런 의문 또는 불만을 더 캐 보자.

기하학과 물리학의 차이

지금까지 이야기해 온 것은 수학이며 그 이상 나가지 않았다. 따라서 만약 초정육면체가 있다면 이러저러한 성질을 가진다는 것만으로 납득하는가, 하지 않는가는 그 사람이 수학만으로 만족하는지 어떤지 하는 것이다.

현세가 3차원인지 4차원인지는 수학이 알 바 아니다. 우주공간이 유클리드적인지 또는 비유클리드 기하학이 아니면 풀지 못하는지는 수학이라는 학문으로서는 알 수 없다. 수학은 단지 공리에 충실하게, 만약 유클리드적이라면 이렇게, 만약 리만적이라면 이런 결과가 된다는 것을 빈틈없이 표현하면 그것으로 그만이다.

여기에 비해 물리학이나 생물학이라는 자연과학은 어디까지나 자연계를 대상으로 한다. 자연계는 현실적으로 어떻게 되어 있는지가 자연과학이 알려는 대상이다. 그 때문에 수학을 연구 수단으로 이용하지만, 이용은 어디까지나 이용이다.

그러므로 「4차원의 세계」에 대해 무엇을 기대하는지는 수학을 알고 싶어 하는지, 자연과학이 아니면 만족하지 않는지에 따라 달라진다.

수학 가운데서 이렇게 도형(물론 2차원만이 아니고 다차원도 포함)을 취급하는 분야를 기하학이라 한다. 또 자연과학 가운데 공간이나 우주를 상대로 하는 부분은 주로 물리학이다.

만약 이것이 기하학이라면 이야기를 여기서 끝내도 된다. 4차원 또는 비유클리드 기하학이란 이런 것이라고 결론을 내리면 그만이다.

그러나 「현세는 어떤가?」 하고 의문을 가지는 사람이 있으면 그 사람은 기하학으로 직성이 풀리지 않고 물리학도 알고 싶다는 사람이다. 형식적인 기술보다도 실제의 현상에 보다 많은 흥미를 가지는 현실파(現實派)라 하겠다. 그래서 다음에는 될 수 있는 대로 현실파의 뜻에 맞추어 물리학적 기술을 주로 하여 이야기해 가겠다.

실증 없는 진리는 존재하지 않는다

물리학은 수학과 달라 관측과 실험의 결과 얻어진 사실만이 진실이다. 이 사실과 다른 이론은 설사 아무리 솔깃한 것이라도 버려야 한다.

우리가 사는 공간에도 가로, 세로, 높이의 세 차원이 있으나 네 번째 차원이 과연 존재할까? 아무래도 있을 것 같지 않다. 두꺼운 종이를 적당히 접어 초정육면체를 만들라고 하면 누구나 당혹스러워할 것이다. 또 삼각자를 써서 한 점을 지나는 평행선을 그려 보면 유클리드가 말한 대로 하나밖에 그릴 수 없다. 실은 현세는 3차원이며 유클리드적인가?

그러나 속단은 금물이다. 운동장에 그린 삼각형의 내각의 합은 2직각인데 지구 표면에 크게 그리면 2직각이 넘는다. 상식을 벗어난 큰 것을 생각해 보면 뜻밖의 결과가 나올지 모른다. 일상생활의 안목으로 자연계를 규율하는 것은 위험하며 생각이 깊은 사람이 취할 방법이 아니다.

큰 규모로 물체를 관찰한다고 하면 먼저 생각나는 것은 별의

우주에 삼각형을 그린다

위치이다. 관측점이 되는 지구와 2개의 먼 별을 골라서 거기에
그려진 삼각형의 내각을 측정한다. 3개의 별을 관측해도 좋다.
그리고 그 합이 2직각이면 우주공간은 유클리드적이며 2직각보

114

다 크면 플러스의 곡률, 작으면 마이너스의 곡률을 가지고 있다고 판단할 수 있을지도 모른다.

이것은 이론적으로는 그럴싸하지만 유감스럽게도 현실적이지 않다. 보통 천문대의 망원경 정도로는 그 차를 알아볼 수 없다. 은하계를 넘어 안드로메다 성운을 건너 그보다 더 먼 성단까지 포함해도 아직 우주공간에서는 작은 부분에 지나지 않는다. 이 정도의 범위로는 곡률은 눈에 띄지 않을 것이며, 측정에도 오차가 따를 것이다. 100만 분의 1초까지의 각도를 잡는 것은 현재의 기술로는 아주 어렵다.

아무튼 문제는 우주공간이 휘었는가 하는 것과 차원이므로 곡률은 뒤로 미루자. 먼저 이 세상은 3차원인지, 그렇지 않으면 4차원이라고 생각해야 하는지를 물리학적인 입장에서 조사해 보자.

사건

에펠탑은 파리에 있다. 서울역은 남대문로에 있다. 갑돌이네 집은 다리의 동쪽에 있다. 또 액자는 벽에 걸려 있고, 사과는 탁자 위에 놓여 있다. 이는 모두 물체의 항구적(恒久的) 존재의 위치를 표현하고 있다.

그런데 개가 대문 옆에 누워 있다, 갑돌은 다리 위에 서 있다, 참새가 가게 앞 전선에 앉아 있다…… 등은 일시적인 상태이다(물론 탁자 위의 사과도 먹기 좋아하는 개구쟁이에게는 결코 장시간의 상태가 아니겠지만). 또 우체국 앞에서 자동차가 정면충돌하였다든가, 어디어디의 들판에서 사람이 죽었다는 것을 들으면 곧 우리 입에서 튀어나오는 말은

무슨 일인가?

「언제?」

라는 시각을 묻는 질문이다.

이렇게 사건에 대해 내용 이외에 우리가 최소한으로 알고 싶은 것은 「어디」와 「언제」이다. 신문을 봐도 이 두 가지는 반드시 적혀 있다.

사건이라는 말은 상식적으로는 좀 과장된 것 같지만(그러므로 사상(事象)이라고 하는 편이 나을지 모르지만) 이것을 넓게 해석하면 개가 잠자고 있는 것도 사건이고, 액자가 벽에 걸려 있는 것도 사건이다. 그리고 사건을 기술하기 위해서는 어디라는 장소의 지정(공간은 3차원이므로 보통은 3개의 변수 x, y, z가 필요하다)과 시각의 표현(이것은 1개의 변수 t로 표시된다)이 꼭 필요하다. 서울역이나 벽의 액자는 t가 변해도 x, y, z는 변하지 않지만, 동물이나 달리는 자동차라면 x, y, z도 변화한다. 경우에 따라 이런 차이는 있으나 아무튼 4개의 변수로 표시되어야 하는 것이다. 사물은 움직이는 것이 본래의 모습이며 멈춰 있는 것이 오히려 우연이다. 수를 생각할 때는 그 수 안에 0을 포함하는 것이 일반적이다. 이것과 마찬가지로 정지는 운동의 반대말이 아니고 운동이라는 개념 안에 포함되는 작은 부분이다. 정지란 운동의 속도가 마침 0이라는 하나의 극한 상태에 지나지 않는다.

해프닝이란 말이 유행하고 있는데, 지금까지 이야기한 「사건」이란 다름 아닌 해프닝이다. 사태는 전혀 예기하지 않은 장소, 예측하지 못한 시각에 생긴다고 생각해야 한다. 그러기 위해서는 「x, y, z」와 「t」를 동등하게 취급하여 기술의 기초가 되는 지표로 한다. 사건의 기술에는 항상 「x, y, z, t」라는 네 변수(4변수)를 준비해야 한다.

해프닝이 아닌 사건

이야기를 좀 더 물리학적으로 다루어 보자. 물리학이란 「사건」 중 어떤 종류의 것을 기술하는 학문이다. 살인 사건이나 기차 전복 사건은 사회문제이며, 인기 가수가 어쨌다는 해프닝은 주간지에게 맡기면 된다. 그러나 자연계에서의 현상, 예컨대 온도, 전자기의 세기, 파동 또는 기압이나 풍속 등은 「언제」, 「어디서」 얼마만큼의 양인가를 말하지 않으면 정확하게 표현하였다고 할 수 없다.

온도에 대해 생각해 보자. 기체 속이든 액체 속이든 또는 고체 속이든 표면이든, 거기에는 뜨겁거나 찬 정도가 존재한다. 이것을 온도라고 하며 기호 T로 표시하기로 하자. 장소가 달라지면 온도가 다른 것이 보통이므로 T는 우선 「x, y, z」의 함수이다.

그런데 같은 장소라도 어제와 오늘은 온도가 다르고, 극단적인 경우에는 1초 전과 후는 역시 다를지 모른다. 즉, T는 시간 t의 함수이기도 하다. 이 관계를 수학적으로 표현하면

$$T = T(x, y, z, t)$$

가 된다. 좌변은 온도로서의 수치이며 우변은 그것이 4변수의 식으로 기술되는 것을 나타내고 있다. 그 밖에 전기장 E, 자기장 H, 물질의 밀도 ρ(로우), 전류밀도 I 등도 모두 장소와 시간의 함수이다.

물리량은 보통 이러한 4변수 함수이지만 역학의 경우는 조금 다르다. 예를 들어 질점(質點)의 움직임을 추적해 가면 시간의 경과와 더불어 위치가 변한다. 그러나 시공간의 한 점을 지정하면 거기에 있는 것은 온도라든가 밀도와 같은 크기를 가진 물리량이 아니다. 존재하는 것은 그 점에 질점이 존재하는지, 아닌지 하는 어느 한쪽의 사실이다. 수학이라면 몰라도 물리학에서도 그런 초현실적인 문제가 나오는가 의아해하겠지만 추상이나 가정도 물리학의 한 방편이다. 즉, 실제로는 무게나 부피라는 물리량을 가진 것을 임시로 질점으로 바꿔 놓고 생각해 보기를 권한다.

앞에서 말한 것처럼 온도라든가 밀도 같은 보통의 물리량은 4변수를 지정하면 어떤 값이 정해진다. 그리고 엄밀하게 말하면 4변수 중 어느 하나가 없어도 그 값은 결정되지 않는다. 이에 비해 질점에 관해서는 그 위치가 시간의 함수로 정해질 뿐이다. 예를 들면 어느 시각에서의 x좌표의 값, y좌표의 값, z좌표의 값이

$$x = f(t), \quad y = g(t), \quad z = h(t)$$

로 정해지지만 4변수 「x, y, z, t」로 결정되는 함수의 값은 질점에는 없다. 굳이 말한다면 +1(질점이 존재하는)과 0(존재하지 않는)의 두 종류뿐이다.

그런데 우리는 이러한 역학적 기술에 지나치게 익숙하다. 예를 들면 물리학에서 제일 처음 나오는 식은 대개 x=ut, y=vt-1/2gt² 등이다. 아무래도 공간(즉 위치)과 시간을 상대비(相對比)한 성질처럼 생각하기 쉽다. 그러나 역학적 기술은 물리학

에서는 특수한 경우이며, 물리량이란 원래는 4변수 함수로 표
현되어야 하는 것이라고 생각해야 한다. 역학도 양자역학이 되
어 전자나 광량자 같은 상태를 표현하는 데는 파동역학에서와
같이 4변수

$$\Psi = \Psi(x, y, z, t)$$

로 표현된다. 다만 시간이 경과해도 상태에 변화가 없으면(이것
을 바닥상태라고 한다) 함수형 가운데 t는 떨어지지만, 원래는
「x, y, z」와 「t」 사이를 의붓자식과 같이 취급해서는 안 되겠다.

　그런데 2변수의 방정식은 2차원 공간에 있는 곡선으로 나타
낼 수 있고 그 변수에 어떤 값을 주면 2차원 공간(평면) 내의
한 점이 결정된다. 또 거꾸로 평면 내의 곡선을 대수를 쓴 방
정식으로 고칠 수도 있다. 3개의 변수와 3차원 공간, 4개의 변
수와 4차원 공간에 대해서도 마찬가지이다. 이러한 대수학(정확
히는 해석학)과 기하학을 연관시켜 생각하는 것은 물리학에서
도 아주 유효하다.

　예를 들어 4변수 「x, y, z, t」에 대해 4차원 공간(시간을 포
함한 4차원 공간을 시공간이라 한다)을 생각하면 시공간 내의
점은 위치뿐만 아니라 사건을 나타낸다. 그리고 우리는 이 점
을 어페어(Affair)라고 부른다. 이 어페어는 물리학에서(특히 상
대성이론에서) 사건이라고 번역되는 일이 있다. 지금까지 사건
이라는 말을 자주 썼지만, 자연과학에서는 해프닝이 아니고 시
공간 내의 점을 지정하였을 때의 물리상태(또는 물리량)라는 의
미이다.

　또 이에 대해 3차원 공간 「x, y, z」 내의 점을 단지 위치라

고 부른다.

정수의 수수께끼

기하학은 공간의 성질을 구명하는 학문이다. 2차원, 3차원, 4차원 또는 n차원으로 차원의 차이가 있을망정 공간은 어디까지나 공간이다.

그런데 우리는 현실의 세계에 직면하였을 때 새로 시간이라는 요소를 생각해야 한다. 이 시간은 물리적인 양이다.

삼각형 2개의 크기를 비교하는 것은 기하학이지만 작은 삼각형이 점점 커져서 몇 시간 후에, 예컨대 처음 크기의 2배가 된다는 것은 이미 물리학이다. 길이와 시간을 조합한 속도, 가속도 등은 모두 물리량이다. 물론 수학의 응용 문제로서 이들 양을 취급하는 일은 있으나 양 자체의 본래 성질은 물리학의 대상이 되어야 하는 것이다.

시간은 과거에서 미래로 한없이 지속되는 하나의 지표이다. 이와 비슷한 시각이란 시간 속에 있는 어느 순간을 말한다. 시각을 표현하는 데는, 예컨대 그리스도가 탄생한 해를 원점으로 잡는다. 그리고 여기서부터 문제 되는 시각까지의 시간적 간격을 써서 시각을 기술한다. 그러면 1978년 3월 1일 오후 12시 10분이라는 식의 긴 말이 필요한데 이는 단위의 설정 방식이 연, 월, 일 등으로 나눠져 있기 때문이다. 실제로는 단 하나의 변수 t로 표시된다. 이런 뜻에서 시간을 공간과 유사하게 생각해 볼 때 시간 자체는 1차원이다.

공간이 3차원인데 왜 시간은 1차원인가? 이것은 곤란한 문제이다. 분명히 1이란 하나의 정수에 지나지 않으며 그 다음의 2

나 3도 정수인 것에는 변함이 없다. 실제로 공간 쪽은 세 번째 정수인 3차원으로 되어 있다.

그러나 세상이란 어쩔 수 없이 그런 것이라고밖에 말할 수 없다. 이런 것을 불가해(不可解)라고 하면 세상에는 불가해한 것이 얼마든지 있다. 이 세상은 일단 시간과 공간으로 형성되고 있으나, 그 밖에 무엇인가 또 하나쯤 영원히 계속되는 것이 있으면 안 될까? 과거에서 미래라고 하면 시간이 되고 오른쪽에서 왼쪽이라고 하면 공간이 되는데, 무엇에서 무엇까지(아주 서투른 표현이긴 하지만) 계속되는 무엇인가가 시간, 공간 이외에 존재하면 안 될까? 이상할 것은 없지만 현실적으로는 존재하지 않는다.

간단한 정수에 대해서도 의문은 있다. 예컨대 전기량은 플러스와 마이너스의 두 종류가 있다. 자기량도 두 종류가 있다. 왜 두 종류인가? 양과 음, 즉 해석기하학적으로 말하면 오른쪽의 양과 왼쪽의 음의 두 종류가 당연하다고 생각할지 모르지만 그러면 같은 쿨롱형의 힘으로 서로 작용하는 질량은 왜 한 종류인가? 이 세상에는 플러스와 마이너스의 질량이 있는데 다른 부호라면 만유인력, 같은 부호라면 만유반발력이 될 수는 없는 것일까?

사람 또는 동물은 남과 여, 암컷과 수컷의 두 종류가 있다. 왜 3이 아니고 2인가? 3이 아니면 안 되는 까닭은 없지만 그렇다고 2가 아니면 안 되는 필연성도 없을 것 같다.

사람의 성(性)이 A, B, C의 세 종류였으면 사회 기구가 복잡해져서 어쩔 수 없게 된다고 생각할지 모른다. 그러나 우리가 두 종류의 성에 너무 익숙한 탓은 아닐까? 연애는 세 종류의 사람이 동시에 사랑해야 비로소 성립한다. 결혼식도 셋이서 올린다. 점잖지 못하다는 둥 빈축을 살지 모르지만 만일 우리가 단독생식(單獨生殖)하는 동물이라면 둘이서 결혼식을 올린다는 것이 오히려 점잖지 못한 상상이 될 것이다.

생각하면 자연계의 정수는 불가사의한 데가 많지만 그런대로 인정하지 않을 수 없을 것 같다. 「왜 시간은 1차원인가?」 하는 의문은 「왜 우주라는 것이 존재하는가?」라는 질문과 마찬가지로 본질적인 것이다. 물론 우리는 이에 대답할 수 없다. 또 자연과학이라는 학문이 이 물음에 해답을 줄 수 있는지 어떤지도 우리는 모른다. 아마 불가능할 것이라고 생각되지만 말이다.

시간은 왜 1차원인가?

SF에서는 4차원의 세계가 자주 나온다. 또 타임머신처럼 시간축의 방향으로(과거 또는 미래의 방향으로) 치닫는 기계가 등장한다. 이것들은 공상이라 할지언정 어쨌든 사람의 머리로 공상할 수 있는 기계이다.

아무리 SF라도 2차원의 시간에 대해 쓴 것은 아직 없다. 그만큼 상상하기 어렵기 때문일 것이다. 2차원의 시간이란 시간을 지정할 때에 t_1과 t_2의 두 변수가 필요한 시간이기도 하다.

그래프를 그려 보아도 잘 알 수 없다. 보통 사람은 t_1축에 따라 오른쪽으로 달린다고 하자. 이 사람은 평면상에 있는 A라든가 B라든가 하는 진짜 시각의 사영을 경험할 것이다. 먼저 A_1을 만나고 나서 B_1을 만난다. 그런데 이것과는 독립된 축인 t_2 방향으로 향하는 사람은 먼저 B_2를 경험하고 나중에 A_2를 만난다. 그럼 평면 안을 대각선으로 나아가는 경우는 어떤가? A나

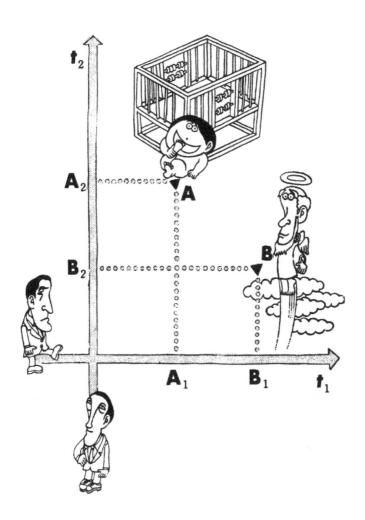

2차원의 시간

B를 더 가까이 경험하면서 세상을 살아가게 될까?

이러한 그래프는 비유로 쓰는 일이 있을망정 결코 현실적인 것은 아니다. 예컨대 A가 탄생, B가 죽음이면 t_2의 시간에서는 죽은 사람이 되살아나고 노인이 점점 젊어져 가게 되는데 이런 일은 인과적으로 허용되지 않는다. 나중에 얘기하는 상대성이론에서도 반대 방향의 시간 경과(적어도 거시적 의미에서는)란 존재하지 않는다.

이렇게 시간의 다차원성이 상상하기 어려운 것은 공간의 경우와 달리 모든 사람이 보조를 맞춰 한 방향으로 가고 있다는 특수성 때문이라고 생각한다.

공간과 시간의 차이

여기까지 오면 「시간이란 과거로부터 미래에 걸쳐 끝없이 계속되는 한 차원이므로 이것을 네 번째 차원으로 한다. 그리고 우리가 사는 현세는 4차원이다」라고 말하고 싶지만 사실 그렇게 간단하지 않다. 이런 결론을 내리기 위해서는 정밀한 측정과 깊은 사고가 필요하다. 세 형제와 비슷한 아이를 집에 데리고 온다고 해서 곧 넷째 아이가 되는 것은 아니다. 혈통이라든가 태어난 환경 따위를 상세히 조사해 봐서 실은 아버지가 다른 데서 낳은 사생아였다는 것이 증명되어야 비로소 형제에 낄 수 있는 것이다.

공간에서 x, y, z의 세 방향은 전적으로 동등한 자격을 갖는다. 좌우와 상하는 상당히 다른 것 같지만 이것은 마치 지구의 표면이라는 특수한 장소 탓이다. 지구의 중심 방향으로 중력이 작용하고 있다는 우연 때문이다. 우주공간에서 북극성의 방위가 과거의 방향이고, 오리온자리 쪽은 미래의 방향이라는 식으로 우열을 가릴 이유는 전혀 없다.

그런데 공간의 그러한 성질에 비하면 시간은 아주 다르다. 이론상 우리는 공간의 어디라도 갈 수 있을 것이며, 서울에 사는 사람은 자기 의사로 대전이나 제주도에 갈 수 있다.

하와이나 파리라도 좋다. 달에 가는 일도 가능해졌고 더욱 기술만 발달하면 화성이나 금성에도, 또는 지구를 뚫고 그 속으로 갈 수도 있을 것이다. 생물의 수명을 도외시하면 훨씬 먼 항성에 도달하는 것도 가능하다.

그런데 시간 쪽은 그렇지 못하다. 지난날은 절대로 되돌아오지 않는다. 과거를 아무리 그리워해도 어쩔 수 없다. 거꾸로 단번에 미래로 달리려고 해도 절대 불가능하다. 기껏해야 타임머신 같은 기계를 상상하여 위안을 받는 것이 고작이다. 기술이 아무리 진보해도 시간축에 따라 자유로이 달리는 기차가 발명될 것 같지는 않다.

이것만으로도 공간과 시간은 근본적으로 다르다. 인간의 의지로 지배할 수 있는 공간과 전혀 뜻대로 되지 않는 시간은 전적으로 서로 받아들일 수 없는 이질적인 것이라고 생각된다.

그뿐만 아니다. 공간에 대해서는 각자가 다른 장소를 차지하고 있다. 지구와 해와 남십자성은 차지하는 공간이 상당히 떨어져 있다. 그런데 시간 쪽은 항상 동일 시각에 있다. 우리의 현재는 당신의 현재이며, 나의 어제는 당신에게도 어제이다. 시간에 관한 한 빈부의 차별이 없고 아주 공평하며, 부자가 시간을 사서 더 많이 차지한 결과 가난한 사람은 시간적 단칸방에서 답답하게 지낸다는 것 같은 이야기는 있을 수 없다.

또 사람은 키가 크고 뚱뚱한 사람(즉 공간을 크게 차지하고 있는 사람)도 있고 작은 사람도 있으나 아무리 거인이라 할지라도 시간축상에서는 항상 현재라는 한 점밖에 소유할 수 없다.

이런 식으로 생각해 보면 공간과 시간이 비슷하다고는 도저히 말할 수 없고 시간을 네 번째 차원으로 한다는 생각은 아주 억지인 것 같은 느낌이 든다. 그럼에도 불구하고 아인슈타인은 시간과 공간의 동등성을 주장하였다.

시간과 공간

이야기가 다소 옆길로 벗어나지만 일상적인 사실로서 시간과 공간의 대비를 생각해 보는 것도 재미있다. 예를 들면 사회 정세, 사회 기구나 그 상태를 주로 시간축에 따라 보는 것이 역사학이며, 공간축에 따라 조사하는 것이 지리학이라 할 수 있다.

시골 노인들은 공간축에 대한 시야는 좁지만 시간축에 대해서는 아주 풍부한 지식을 가지고 있다. 거꾸로 세계 각국을 여행한 젊은이는 시간보다도 공간에 대해서 아주 넓은 견해를 가지고 있다.

대학 입시에 실패한, 또는 연애에 패배한 젊은이에게 「더 넓은 시야를 가져라」라고 격려하는 일이 있다. 이 말은 공간에 대해 넓게, 즉 자기 외에도 고민하는 사람이 많은 것을 인정하고 자기의 고통을 더 객관적으로 보라는 뜻도 있으나 동시에 시간축에 대해 보다 높은 견지에서 보라는 의미도 포함하고 있는 것 같다. 너무 눈앞의 일에 구애받지 말고(즉 시간축에 대해 근시안적이 되지 말고), 미래까지 포함한 긴 여정을 전망할 때 현재의 자신은 긴 생애 중 아주 짧은 한 시기에 서 있다는 것

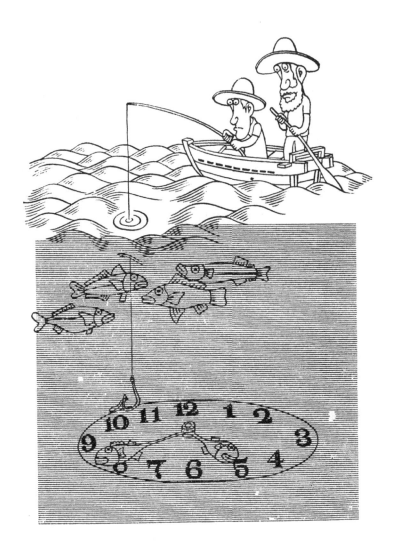

시간축의 방향으로 작용시켜 고기를 잡는다

을 인식하라는 충고이기도 하다. 이런 의미에서 공간축에 대한
절망은 다른 사람과 비교가 되지만 시간축에 대한 시야의 확대
는 자신의 마음가짐에 이어진다.

고기를 잡을 때 트롤선으로 그물을 끄는 방법이 있다. 이것
은 공간 이동에 의하여 고기를 잡는 경우이다. 이것에 비해 낚
시를 드리우고 기다리는 경우는 차라리 시간축의 방향으로 잡
는다는 의지를 작용시켜 낚는다고 말할 수 있다.

장사꾼은 싼 곳에서 상품을 사서 비싼 곳에서 판다. 즉, 상품
을 공간적으로 이동시켜 이윤을 얻는다. 그런데 시간축 방향으
로 이동시켜 돈을 버는 경우도 있다. 예를 들면 증권 같은 것
이다.

또 우리나라 택시는 공간의 이동에 대해 요금을 받는다. 그
런데 영국 등에서는 공간 이동과 시간 경과의 양쪽에 대하여
요금이 부과된다고 한다. 그러므로 영국의 택시운전사는 교통
폭주로 차가 잘 빠지지 않아도 결코 신경질을 내지 않는다고
한다.

불변량

시간을 포함한 4차원 공간—실재하는 자연을 대상으로 하는
물리학에서 이런 방식으로 인식한다는 데까지는 알았다. 그러
나 실은 차원이라는 안개 저편에 무엇인가 모습을 보이기 시작
하였다고 할 단계이다. 우리는 아직 4차원 공간의 입구 언저리
에서 어물거리고 있는 데 지나지 않는다.

원기둥이 있다. 우리가 이것을 볼 때 보는 방식에 따라서는
원으로도 보이고, 직사각형으로도 보인다. 그러나 원이나 직사

각형은 진짜 모습이 아니다. 진짜는 원기둥이다.

그러면 원기둥을 원기둥이라고 분명히 인식하기 위해서는 어떻게 하면 될까? 정면이나 측면이나 위에서처럼 여러 각도에서 보면 된다. 이것은 1장에서도 얘기했다.

여러 모양의 도형 또는 입체는 복잡하므로 가는 막대를 생각해 보자. 공간에 1개의 막대가 있다고 하자. 방향을 아주 교묘히 잡고 보지 않으면 우리는 진짜 막대의 길이를 모르게 된다. 아무 방향에서나 보면 막대는 진짜 길이보다도 짧게 보일 것이다. 극단적인 경우에는(막대가 아주 가늘다면) 점이 되어 버린다.

그럼 원래 1m인 막대의 길이를 올바르게 1m라고 인식하기 위해서는 어떻게 하면 될까? 막대의 주위를 빙글빙글 돌아보고 높은 장소에서 또는 주저앉아서 보는 등 모든 방향에서 보아 제일 길게 보이는 곳을 찾아내면 된다. 그러나 그런 장소를 간단하게 찾을 수 있는 것은 아니다.

막대의 길이를 정확하게 이해하기 위한 가장 좋은 방법은 이것을 정면, 측면, 위쪽의 세 방향에서 보는 것이다. 정면이나 위쪽이라고 해도 반드시 수평 방향, 연직 방향이 아니라도 된다. 직교하는 세 방향에서 보면 된다. 직교하는 세 방향의 짝은 얼마든지 있는데 그중 1조를 측정의 기반으로 하면 된다.

가령 정면에서 본 막대의 길이를 x라고 하자(x는 막대의 진짜 길이보다도 아마 짧을 것이다). 측면에서 본 길이를 y, 위에서 잰 길이를 z라고 하자. 이때 막대의 진짜의 길이 ℓ 과 각각의 입장에서 본 길이 x, y, z 사이에는 3차원의 피타고라스의 정리가 성립하며

$$\ell^2 = x^2 + y^2 + z^2$$

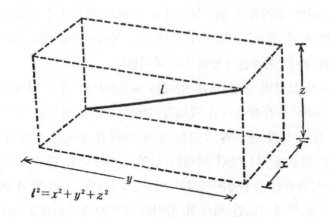

$$l^2 = x^2 + y^2 + z^2$$

〈그림 45〉 3차원 공간 내에서의 길이

이 된다. l 만을 구하고 싶으면

$$\ell = \sqrt{x^2 + y^2 + z^2}$$

이라고 하면 된다. 이 방법에 의하면 관측하는 세 방향이 서로 직교하기만 하면 된다.

보는 눈의 위치를 바꾸면(직교하고 있다는 조건이 그대로 유지되어 있다고 하면) x, y, z의 값은 각각 변화한다. 그런데 제곱하여 더한 합은 변하지 않는다. 이것은 당연히 보는 사람의 자세에 따라 막대의 진짜 길이가 변할 리 없기 때문이다.

이러한 경우에 l 을 불변량(不變量)이라고 한다. 그리고 세 성분(x, y, z를 길이 l 의 성분이라 한다)의 제곱의 합이 불변량이 될 때, l 이라는 길이가 존재하는 공간이 3차원이다. 그 증거로 평면 안에 있는 선분에 대해서는 항상

$$\ell^2 = x^2 + y^2$$

의 관계가 성립한다.

우리는 지금까지 차원의 정의를 여러 가지 방법으로 생각해 왔다. 여기서처럼

「n개 성분의 제곱의 합이 측정의 방향 여하에 불구하고(단 직교하고 있어야 하는데) 불변량이 된다면 그 공간은 n차원이다」

라고 하는 것도 공간의 차원을 정하는 기준의 하나가 된다.

시간과 공간에 대한 이야기 도중에 이러한 수학적 정의가 왜 들어가야 하는지 의심스럽게 생각할지도 모른다. 그러나 시간축도 포함한 4차원 공간을 이해하기 위한 돌파구는 이 언저리에 있기 때문이다. 여기서 이야기한 것은 특수상대론의 복선(伏線)이며 예비지식으로서 꼭 기억해 두어야 한다.

5장
빛이란 무엇인가?

보이니까 믿는다

눈앞에 책이 있다. 재떨이가 있다. 탁자 위에 꽃병이 있다. 꽃병에 아름다운 장미꽃이 꽂혀 있다. 밖으로 나가 보면 자동차가 달린다. 개가 타박타박 걸어간다. 전봇대가 있다. 빌딩이 서 있다. 먼 산은 초록빛 나무들로 덮여 있고, 산꼭대기에는 철탑이 솟아 있다. 밤이 오면 등불이 켜지고 달이 비치고 별이 반짝인다.

우리의 주변에는 여러 가지 물체(물론 식물, 동물을 포함하여)가 존재한다. 우리는 그런 존재를 어떻게 알 수 있는가? 일단 보는 것으로 거기에 무엇이 있다는 것을 인식한다.

그러나 우리는 반드시 시각에만 의존하고 있지는 않다. 눈을 감아도 손으로 만지면 사과와 바나나를 구별할 수 있고(촉각), 사이렌 소리를 들으면 소방차나 구급차가 달리고 있다는 것을 안다(청각). 병뚜껑을 열어 코로 냄새를 맡으면 그 액체가 향수임을 알 수 있다(후각). 설탕인지 소금인지의 구별은 혀로 맛보는 것이 제일 빠르다(미각).

우리는 외계를 인식하는 데 이렇게 다섯 가지 감각을 이용하고 있으나 그중에서도 가장 기본이 되는 것은 시각이다. 보이기 때문에 물체의 존재를 인식한다. 보통 사람에게는 시각 이외의 감각은 모두 보조 수단이라고 해도 된다.

사람들은 물체가 존재하기 때문에 보인다는 것은 의심할 수 없는 사실이라고 예부터 믿어 왔다. 그리고 「있으면 보인다」고, 즉 존재와 동시에 인식할 수 있다고 생각해 왔다. 보는 자신과 보이는 대상물 사이에 공간적인 간격은 있으나 시간적인 차가 있다고 생각하지 않았다. 이런 의미에서 사람은 오랫동안 공간과 시간을 전혀 이질적인 지표처럼 생각해 왔다.

빛에 속도가 있는가?

자연과학이 발달하여 자연계를 객관화하게 되자 사람은 빛의 존재를 인식하였다.

태양이 빛나고 있을 때에는 지상에 그림자가 생긴다. 또 벽의 구멍으로 빛이 들어와 어두운 데에 둥근 모양으로 비친다. 이런 일에서 빛에 대한 어느 정도의 지식은 예부터 있었다.

그러나 물건을 보기 위해 필요한 빛과 벽을 밝게 비추는 밝기의 원인이 얼마만큼 정확하게 동일시되었던가 하는 것에 대해서는 다소 의심스럽다.

빛이란 물건을 밝게 하는 물리적인 원인이기도 하지만 동시에 물건의 존재를 우리에게 호소하는 매체(媒體)이기도 하다. 우리는 눈으로 물체를 보지만 물체는 멀든 가깝든 눈에서 떨어져 있다. 따라서 본다는 것은 어느 거리를 지나 물체의 상태에 대한 정보가 전달 내지 통신되는 것이다. 통신이란 분리된 공간에 정보를 보내는 일인데, 동시에 시간에 대해서도 분리된 시각이라는 것이 문제가 되지 않을까? 즉, 발신(發信)이라는 사건과 수신(受信)이라는 사건 사이에 시각의 차는 없는가? 이것은 으레 의심하고 들어야 할 문제이다.

빛을 정보의 매개물로서 인정하면 이 문제는 빛의 속도가 유한한가, 무한한가 하는 문제로 바뀐다. 만일 빛이 무한히 빠르다면 아무리 먼 곳의 물체라도 거기 있는 그대로 사람에게 감지되겠지만, 속도가 유한하다면 그렇게 간단하지 않다.

그러나 자연과학은 실증을 중요시하는 학문이다. 단지 머릿속

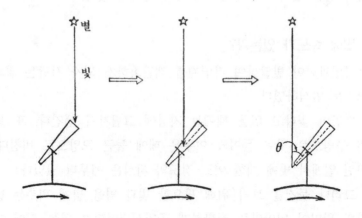

〈그림 46〉 브래들리의 광속도 측정

의 생각만으로 광속도는 이래야 한다고 주장해 봐야 소용없다.

광속도가 유한하다는 것을 발견한 것은 덴마크의 천문학자 올레 뢰머이다. 그는 목성의 위성이 일정한 주기로 어미별(목성)에 그늘을 비치는 식(食)을 관측하고 있었다. 지금부터 거의 300년 전의 일이다. 그런데 그는 식에서 식까지의 주기가 계절에 따라 다른 것을 알아냈다. 지구는 1년에 1회 태양의 주위를 돈다. 목성도 태양의 주위를 도는데 지구보다도 훨씬 바깥쪽을 천천히 돈다. 그러므로 지구와 목성의 거리는 1년 중 한 번씩 가장 멀어졌을 때와 가장 가까울 때가 있다. 따라서 지구의 공간 궤도 지름을 빛이 통과하는 시간만큼 위성의 식의 주기가 뒤처져서 관측된다고 생각해도 된다. 뢰머는 이 관측에서 광속도가 $c=2.77 \times 10^{10}$ ㎝/s라는 값을 얻었다.

그로부터 거의 반세기가 지난 1728년에 영국의 제임스 브래들리는 지구의 공전 속도를 이용하여 광속도의 측정을 성공하였다. 곧장 내리는 빗속을 우산을 받치고 빠른 걸음으로 걸을 때 우산을 앞으로 기울여야 한다는 이른바 「우산의 이론」에 따른 것이다.

지금 비를 빛(유한한 속도를 가졌다고 하자), 사람의 걸음을 지구의 공전이라고 생각하자. 그러면 공전 방향으로 수직인 항성을 보는 망원경의 기울기는 봄과 가을에 근소하게 다를 것이다. 사실 브래들리는 실험 오차 이상의 각도의 차이를 알아내고 빛의 속도와 각도의 관계에서 광속도를 구했다.

하늘을 보지 않고 측정하는 광속

잘 알려져 있다시피 빛은 1초간 지구를 7.5회 회전한다.

이렇게 빠른 것을 측정하는 데는 우주공간을 달리는 빛, 즉 천문학적인 방법을 이용할 수밖에 없는 것 같다.

그런데 브래들리가 관측한 뒤 100년 이상 지난 1849년에 이폴리트 피조는 지구 위에서 빛의 속도를 측정하는 데 성공하였다. 이른바 톱니바퀴의 방법을 생각해 냈다. 속도란

$$(속도) = \frac{(진행거리)}{(소요시간)}$$

인데 우변의 분모를 아주 작게 하면 분자인 진행거리를 반드시 천문학적으로 크게 하지 않아도 될 것이다. 요컨대 어떻게 아주 짧은 시간을 기계로 측정하는가가 중요하다.

파리 태생의 재주꾼 피조는 톱니바퀴의 회전을 이용하였다. 톱니와 톱니 사이를 지난 빛이 8.633㎞ 앞의 거울에서 반사하여 다시 톱니바퀴까지 되돌아왔을 때 톱니바퀴가 근소하게 돌고 마침 다음 톱니 사이를 지나가도록 톱니바퀴의 속도를 조절

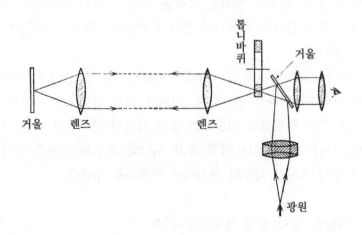

〈그림 47〉 톱니바퀴의 회전을 이용한 피조의 실험

하였다. 톱니바퀴의 톱니 수는 720, 위의 조건에 맞는 회전의 속도는 매초 12.61회였다. 이만큼의 회전 속도는 당시의 기계 기술로도 그다지 어려운 일이 아니었던 것 같다.

피조의 실험 결과에서 계산하면 실제의 광속도보다도 몇 % 큰 값이 되는데 이것은 뛰어난 아이디어였다.

이 장치를 더욱 개량하여 1862년에는 피조의 동료이기도 했던 푸코가 톱니바퀴 대신 회전거울을 써서 광속도를 측정하였다.

회전거울을 이용하는 시도는 그 후에도 몇 번 행해졌는데 가장 정확하다고 하는 것이 마이클슨의 실험이다. 그는 1926년 정팔각기둥 모양 회전거울을 이용하여 실험하였다. 이 장치를 캘리포니아의 윌슨산에다 만들었고, 반사거울은 골짜기를 건너 35㎞ 앞의 샌안토니오산 꼭대기에 설치하였다. 팔각기둥이 45° 회전하는 동안 빛이 두 산 사이를 왕복하면 광원에 다시 빛이

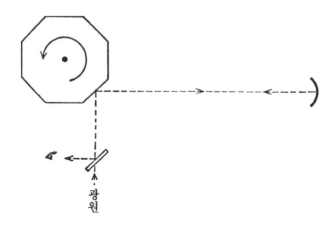

〈그림 48〉 마이클슨의 실험

되돌아온다. 이 실험으로 광속도의 정밀도는 뚜렷하게 개선되었다.

그 후 계속된 실험은 기계적인 방법이 아니고 복굴절(複屈折)을 이용하여 광속도를 측정하였다. 빛은 진행 방향과 직각인 두 방향으로 진동하고 있는데 전기석 같은 편광판(偏光板)을 통과시키면 한 방향의 진동은 정지해 버리고 한쪽에만 편광된 빛이 통과한다. 따라서 두 장의 편광판을 직각으로 겹치면 빛은 완전히 차단된다. 그런데 이황화탄소 같은 물질은 전기장을 걸었을 때만 복굴절을 하는 성질을 띤다. 이 현상을 커 효과 (Kerr effect)라고 하는데 이런 물질로 빛의 셔터를 만들어 준다. 전기장을 재빨리 변화시켜 주면 빛은 셔터를 통과하거나 차단된다. 이것을 이용하면 톱니바퀴나 회전거울을 쓰는 것보다 훨씬 정밀도도 좋고 점멸(點滅)도 빠르다. 베르그스트란드 등은 이 방법으로 측정하여 오늘날 알려진 광속도의 정확한 값

을 결정하였다. 그것은 진공 중에서

$$c = 2.997925 \times 10^{10} \ cm/s$$

라고 한다. 공기 중을 달리는 빛은 이것보다도 근소하게 늦다.

우주에서 가장 빠른 신호

진공 중의 광속도는 이 세상에 존재하는 것 중에서 가장 빠른 속도이다. 아직 우리는 이 이상의 속도를 모른다.

빛은 전자기파의 일종이다. 전자기파 가운데에는 눈에 보이는 빛 외에도 파장이 긴 것부터 순차적으로 장파, 중파, 단파, 초단파(이상은 보통 전파라고 하여 통신 등에 쓴다), 마이크로파, 열선, 적외선, 가시광선(이른바 빛), 자외선, X선, 감마선 등이 있다. 이 전자기파의 전파 속도는 모두 빛과 같다.

달에서 오는 빛은 1초가 조금 지나면 지구에 도달하는데, 태양에서 지구까지는 거의 8분이 걸린다. 즉, 우리가 보는 태양은 실은 8분 전의 모습이다. 지구와 비교적 가까운 금성이나 화성은 공전운동 때문에 지구와의 거리가 멀어졌다가, 가까워졌다가 하는데 빛의 도달에 몇 분에서 몇십 분, 또는 조금 더 시간이 필요하다. 태양계 안에서 가장 먼 명왕성까지는 5시간 이상 걸린다. 태양계 밖의 가장 가까운 별인 프록시마 켄타우리까지는 약 4년, 은하계의 중심(이른바 은하수가 있는 부근)까지는 수만 년, 은하계 밖, 예컨대 안드로메다 성운까지는 대략 200만 년이 걸린다고 한다.

우주공간의 길이를 나타내는 데는 빛이 1년간 달리는 거리를 단위로 하는 경우가 많다. 이것을 1광년이라 한다. 때로는

3.2598광년을 1파섹이라고 할 때도 있다.

이 단위를 쓰면 안드로메다 성운까지의 거리는 200만 광년이며 61만 파섹쯤 된다. 우주에는 막대한 수의 별이 있지만 현재 미국의 팔로마산 천문대에 있는 세계 최대의 망원경(구경 200인치, 약 5m)으로는 수십억 광년 떨어진 천체를 관측할 수 있다고 한다.

이렇게 거리를 나타내는 데 광속도를 이용하는 것은 빛이 단지 속도의 기본량일 뿐 아니라 모든 가능한 정보 전달 방법 중에서 가장 빠른 것인 까닭이다. 그렇다면 정말 빛보다 빨리 알릴 수 있는 방법은 없는가?

가령 지구에서 2시간이면 빛이 도달하는 별이 있다고 하자. 지구와 이 별 사이에 고체로 된 긴 막대를 가로놓았다고 하자. 현실적으로 그런 일이 가능한가, 어떤가는 지금 묻지 않기로 하자.

이 별에서 경마(競馬)가 열리고, 장외마권(場外馬券)의 매표소가 지구에도 있다. 그러므로 지구에 있는 사람도 마권을 살 수 있다. 배당금의 지불도 지구에서 직접 한다.

말들이 일제히 출발하였다. 접전(接戰) 끝에 ①번 말인 「진달래」가 1등이 되었다고 하자. 배당금이 계산되고 지불된다. 지구 사람은 경마의 경과를 정밀한 망원경(망원경으로 별 위에서 개최된 경마를 관측할 수는 없지만 이것은 어디까지나 기술적인 문제에 지나지 않는다)이나 또는 실황 생방송, 우주중계 TV로 알 수 있다.

빛 또는 전파가 경마장에서 지구에 도달하기까지는 2시간이 걸린다. 그래서 어떤 사람이 그 별의 생물과 짜고 앞에서 얘기

142

한 막대를 별과 지구 사이에 놓는다. 경마의 골인이 끝나면 별의 생물은 곧 막대를 쳐서 모르스 신호를 보낸다.

ㅇ ㅣ ㄹ ㄷ ㅡ ㅇ ㅇ ㅡ ㄴ
—·— ·· ··· —··· —·· —··· ·—· —·· ·—··

ㅈ ㅣ ㄴ ㄷ ㅏ ㄹ ㄹ ㅏ ㅣ
·—· ··— ··—· —·· · ·—·· —··· · ·—··—

라고 알려주면 된다. 처음부터 연승식(連勝式)을 목표로 했다면

1　　　　6
·————　—····

(또는 약식으로 1 6)

라고 번호만 통신해 주면 간단하다. 아무튼 그때는 지구상의 장외마권 매표소의 창구가 열려 있다. 단승식(單勝式)이라면 「진달래」를, 연승식이라면 ①-⑥을 산다. 시치미를 떼고 있노라면 2시간 후에는 배당금이 들어와 일확천금할 수 있다. 단지 이론상의 문제라고 해도 이런 일이 정말 가능할까?

시간에도 두께가 있다

되풀이하지만 가장 빠른 신호가 빛의 속도이며 전파의 속도이다. 이 이상 빠른 것은 절대로 없다. 막대로 다른 사람의 옆구리를 찔러서 알리는 것도 신호의 일종이다. 그러나 고체에

의한 통신도 결코 광속을 넘지 못한다.

고체의 막대란 원자가 밀집하여 규칙적으로 배열된 것이다. 그 일단을 민다는 것은 고체의 끝에 있는 원자를 안쪽으로 미는 것이다. 원자를 미는 것은 나란한 병이 하나가 쓰러지면 연달아 쓰러지듯이 전달되어 간다. 긴 화차를 기관차가 움직이기 시작할 때 처음 화차가 꽈당 하고 끌리면 화차와 화차의 연결기의 부분이 꽈당, 꽈당…… 하고 소리를 내면서 뒤에 전달되어 간다. 그것과 마찬가지로 끌거나 밀어도 힘이 고체 속에 전달되는 것은 상당한 시간이 필요하다. 그 속도는 실제로 광속도보다 훨씬 늦다.

3m나 4m의 장대에서 이쪽을 밀면 순간적으로 저쪽이 움직인다. 그렇다고 해서 아주 긴 것이라도 그대로 된다고 할 수는 없다. 여기서도 일상 경험을 과신하는 데 위험성이 있다.

별과 지구 사이에 긴 장대를 건넜다고 해도 우리는 경마로 돈을 딸 수 없다. 모스 신호가 지구에 닿을 즈음에는 지구 사람 모두 TV로 승패를 알고 있다. 물론 마권 매표소는 이미 마감되었고 벌써 배당금이 지불되었을 무렵일 것이다. 그렇다면 아무 소용이 없다.

또 별과 지구 사이에 다음 그림과 반대 방향으로 큰 가위를 놓았다고 하자. 날의 끝 쪽이 지구에, 손가락을 끼는 손잡이는 별에 있다. 두 날이 교차되는 곳의 나사못은 훨씬 별에 가까운 곳에 있도록 가위를 만든다. 별의 생물이 가위를 잡는다. 그리고 종이를 자르듯이 가위질한다고 하자. 두 날의 교점에서 가위 끝이 합쳐진다. 이 가위의 길이는 지구와 별의 거리와 같은 22억 킬로미터나 된다.

가위로 하는 우주통신

경마의 결과를 알고, 별의 생물이 가위질하는 데 가령 1초가 걸렸다고 하자. 우리의 가위는 손잡이가 닫히면 동시에 날 끝도 닫힌다. 따라서 우주가위의 날 끝도 1초 후에 닫힌다고 생각하자. 그러면 날과 날의 교점은 1초에 22억 킬로미터를 달리게 된다. 빛은 겨우 30만 킬로미터밖에 달리지 못하므로 날 끝의 교점은 번개나 빛보다도 훨씬 빠르지 않은가?

그러나 이 이야기에는 함정이 있다. 아무리 금속공학이 발달해도 완전한 강체(剛體)는 만들 수 없다. 즉, 어느 정도 휜다. 하물며 길이 22억 킬로미터의 가위이니 멀리서 보면 밧줄처럼 휠 것이다. 그리고 힘이 물체 속으로 전달되는 속도는 결코 무한히 빠르지 않다.

결국 이 별과 지구 사이에서 아무리 노력해도 지구상의 사람에게는 2시간 전의 정보밖에 들어오지 못한다. 앞질러 마권을 사서 돈을 벌려는 엉뚱한 야망은 헛수고가 되고 모두 김칫국으로 끝난다. 그림과 같이 지구에서 별로 가위통신을 하는 경우도 마찬가지이다.

서로 현재의 상태를 알 수 없다는 것은 공간을 사이에 둔 두 사람의 숙명이다.

많은 별이 공통의 달력을 가지고 있다고 하자. 가령 지구에서는 1978년일 때 1광년 떨어진 별을 망원경으로 보면 그곳 달력은 1977년이다. 10광년 거리의 별이라면 1968년이다. 그들이 결코 한 해가 지날 때 달력을 바꾸지 않았던 것은 아니다. 그들의 달력은 맞다. 지구상의 사람이 감지하는 사건은 공간적으로나 시간적으로나 지구상의 그것과는 다르기 때문이다.

공간에 깊이(즉 가까운가, 먼가의 차이)가 있는 것과 마찬가지로 우리는 시간에도 깊이가 있다는 것을 인정해야 한다. 우리가 시각으로 파악하고 있는 자연계는 현재라는 시간축상의 옅디옅은 단면이 아니고 과거까지 파고들 두께가 있는 것이다.

파로서의 빛

광속도보다 빠른 통신은 없다고 하였다. 그런데 야구공을 예로 들어 다음과 같이 생각하면 어떨까?

어느 상대방 투수의 강속구는 매초 40m라고 한다. 그 투수가 나오는 시합에 이기기 위해 더 빠른 공으로 타격 연습을 하고 싶다. 기계를 쓰지 않고 이 투수 이상의 속도로 공을 던지려면 어떻게 하면 될까?

투수를 자동차에 태우고 홈 베이스를 향해 달리면서 공을 던지면 어떨까? 가령 자동차의 속도가 매초 30m라면 공은 타자에 대하여 매초 70m의 속도가 되지 않을까?

이와 마찬가지로 별에서 지구에 빛을 보내는 경우 발광체를 로켓에 싣고 지구 방향으로 아주 빠른 속도로 달리게 하면 어떻게 될까? 이런 메커니즘을 쓰면 우리는 앞에서 얘기한 별의 경마의 승패를 누구보다도 빨리 알 수 있지 않을까?

그러나 그렇게는 안 된다. 지금까지의 이야기는 역학의 법칙에 따르고 있는데 빛은 역학이 아니고 파동의 법칙에 따르기 때문이다. 빛을 회절격자(回折格子)에 비추면 뒤에 줄무늬가 생긴다. 2개의 구멍에서 동시에 들어온 빛은 뒷벽에 밝고 어두운 줄무늬를 만든다. 이 현상들은 빛이 파(波)라고 생각하지 않으면 설명할 수 없다.

그럼 파를 일으키는 매질 속에서 파를 만드는 발원체가 움직이면 어떻게 될까? 음파로 예를 들면 알기 쉽다.

바람이 없고 따라서 대기는 지면에 정지해 있다고 하자. 소리의 속도는 매초 약 340m이다. 이때 발음체가 정지하고 있으면 파는 발음체에서 사방팔방으로 이 속도로 나아간다. 그런데 발음체가 움직이고 있어도 소리는 마찬가지로 지면에 대하여 매초 340m로 나아간다. 달리고 있는 발음체의 앞쪽으로는 빨리, 뒤쪽으로는 늦게 나가는 것이 아니다. 앞에서 들을 때는 도플러 효과로 높게 들리고(주파수가 높아진다), 뒤에서는 낮게 울린다는 차이는 있으나 음파의 속도에는 관계없다. 음파는 어디까지나 지면에 대하여, 정확하게 말하면 매질로서의 공기에 대해 매초 340m로 달린다. 물체의 운동과 파동의 진행의 차이가 여기서도 역력하다.

가령 1마하(음속과 같은 매초 340m의 속도)의 제트전투기가 소리를 내면서 날고 있을 때 그 전방 100m 정도의 위치를 같은 마하로, 같은 방향으로 날아가는 다른 제트전투기가 있다고 하자. 앞의 전투기에서는 후방의 전투기 소리가 들리지 않는다. 물론 제트기의 소리는 커서 자기가 내는 소리 때문에 다른 제트기의 소리는 도저히 들리지 않겠지만, 그런 문제는 도외시하더라도 후방의 제트기의 소리가 전방의 전투기까지 도달할 수 없다는 것은 납득이 갈 것이다.

이때 상대적으로 생각하면 2대의 제트기는 서로 정지해 있다. 그러므로 역학적으로 생각하면 뒤의 전투기에서 던져진 물체는 앞의 전투기에 도달할 것이다. 후방의 전투기가 전방 전투기를 기관총으로 격추하는 것이 가능하다. 그럼에도 음파는 전방의 제트기에 도달하지 않는다.

보통의 역학에서는 던지는 물체와 그것을 받는 물체의 상대 속도만이 문제가 되지만, 파동학에서는 매질이 어떤 움직임을 하고 있는지가 중요하다. 발음체와 관측체와의 거리가 일정해도 매질이 이들에 대하여 정지해 있는지, 움직이고 있는지에 따라 결과는 아주 달라진다.

빛에 의한 통신은 속도에 한계가 있다고 하였지만, 가령 「빛이라는 파」의 매질이 있어서 별에서 지구를 향하여 한꺼번에 흘러나오기라도 한다면 지금까지 생각한 것보다 더 빠른 통신이 가능하게 될 것이다.

파란 무엇인가?

빛은 파라고 하였으나 여기서 파의 성질을 생각해 보자. 파에는 속도가 있다. 예컨대 바다의 파도라면 바닷물이 솟아오른 부분이 어떤 방향으로 계속 나아간다. 그 속도가 파의 속도이다. 그러나 이때 바닷물이 파와 함께 가는 것은 아니다. 바닷물은 단지 상하운동을 하고 있는 데 지나지 않는다(정확하게는 바닷물은 타원운동을 하고 있다). 이것은 바다에 나뭇조각이나 병을 던져 보면 알 수 있다. 나뭇조각은 해면과 더불어 상하로 흔들리고 있을 뿐이며 결코 파와 더불어 나아가지는 않는다. 흔히 하와이 해변에서 하는 파도타기는 파도의 사면을 이용한 특별한 경우이다. 바닷가에 가까운 바닷물은 몰려오고 되돌아가지만 큰 바다 가운데서는 그렇게 심하게 바닷물이 옆으로 움직이지 않는다.

물체의 운동은 공이든 포탄이든 그 자체가 움직인다. 그러나 파동은, 예컨대 바닷물이 움직이는 것이 아니고 바닷물이 솟아

오르고 있다는 사실이 이동하는 것이다. 바닷물의 실질적인 이동이 아니고 그것이 높아지는 현상의 움직임이다.

　소리는 공기의 소밀파(疏密波)이다. 가령 말한 부분이 눈에 보인다고 하면 그 말이 초속 340m로 나간다. 결코 공기 분자(정확히 말하면 질소나 산소의 분자)가 곧바르게 나가는 것은 아니다. 공기 분자는 어떤 순간에 밀집하게 모이지만 너무 밀집하게 되면 서로 반발하여 다음 순간에는 그 부분이 오히려 감쇠한다. 이것을 되풀이하는 것이다(실제로는 발음체가 정지하면 이 운동은 곧 감쇠하고 만다). 아무튼 음파는 공기의 이동이 아니고 밀집해 있다는 현상의 진행이다.

　파동의 어느 순간을 잡고 보면 파장(파의 산 또는 골짜기와 골짜기의 거리)이 결정된다. 한곳을 주목하여 시간의 경과에 따라 관측하면 주기 또는 진동수를 알 수 있다. 즉, 어떤 파라도 속도, 파장, 주기 같은 성질을 가지고 있다.

　또한 파동이 생기기 위해서는 매질이 필요하다. 바다의 파라면 바닷물, 소리라면 공기, 지진파라면 지각을 구성하고 있는 흙, 모래, 암석 등이 매질이다. 매질이 없는 진공 중에서는 소리가 나지 않는다. 또 매질은 반드시 미소진동을 하는데, 그 진동의 방향이 파의 진행 방향과 같다면 종파, 수직이라면 횡파라고 한다. 진행 방향과 수직인 방향은 일반적으로는 두 가지가 있으므로(공간은 3차원이므로) 횡파에는 두 가지 성분이 있는 것이 보통이다. 다만 바다의 파도는 횡파이며 연직 방향으로밖에 진동하지 않는다.

에터

파는 앞서 말한 것과 같은 성질을 가진 것이다. 또 거꾸로 그와 같은 성질을 함께 지니고 있는 것이 있으면 이것을 파라고 불러도 된다. 그리고 빛은 나중 예이다. 회절격자를 지나게 하면 파장을 구할 수 있다. 예를 들면 질량수 86의 크립톤(Kr)에서 나오는 선스펙트럼군의 파장은(단위 Å)

86Kr(6458.0720, 6422.8006, 5651.1286, 4503.6162)

로서 놀랄 만한 정밀도로 측정되어 있다. 광속도는 이미 알고 있으므로 이것에서 주기나 진동수를 계산하는 것은 쉽다.

이만한 측정 자료가 갖춰져 있으므로 빛은 파라고 결론지을 수 있다. 또 복굴절, 편광 등의 현상에서 진동의 방향은 두 가지 성분을 가지고 있는 것이 알려져 있고 당연히 횡파이다. 또 간섭 무늬의 진하고 엷은 것에서 파형은 단순한 사인(sin) 곡선인 것도 추론된다. 소리의 파형처럼 복잡성은 없다.

여기까지는 분명하지만 그다음은 전혀 모른다. 아무도 광파를 직접 본 사람은 없다. 뒷벽에 간섭 무늬가 나타났다고 해서, 어떤 시각에 산과 산이 겹쳤는지, 골짜기와 골짜기가 강조되었는지를 판별하는 수단은 없다.

이렇게 종래의 파와는 아주 다르긴 하지만 아무튼 파는 파이므로 틀림없이 매질이 존재할 것이라고 생각하여 많은 학자가 매질을 찾는 데 몰두하였다. 그러나 속도라든가 파장 등의 파동의 속성은 분명하지만 무엇이 흔들리는지 전혀 모른다. 모르는 대로 내버려 두는 것은 물리학자의 면목이 서지 않는다고 하여 억지로 생각해 낸 것이 에터이다.

화학에서는 2개의 알킬기(사슬 모양 포화탄화수소에서 1개의 수소를 제외한 나머지 원자단)를 산소로 결합한 것이 에터인데, 여기서 말하는 에터와는 전혀 다른 것이다.

태양으로부터 지구에 빛이 도달하고 있으므로 진공의 우주는 에터로 채워져 있어야 한다. 종파는 없고 두 가지 성분을 가진 횡파만 있으므로 비압축성(非壓縮性: 수축하는 물질에서는 종파가 생긴다)이고 형상탄성(形狀彈性: 가로의 진동만을 허용하는 성질)을 가진 고체 같은 것이 아니면 안 된다.

광학의 연구로 유명한 프레늘이나 전자기파의 개척자 헤르츠에 의하면 물질 속에서는 진공보다도 에터의 밀도가 높고, 물질이 움직일 때는 진공과의 차이만큼의 에터를 언제나 끌고 가야 한다고 결론을 짓고 있다. 아무튼 이런 것을 생각했기 때문에 과학자들은 이것에 참으로 기묘한 성질을 주어야 하는 결과에 빠지고 말았다.

바닷물에는 해류라든가 조류 등의 움직임이 있으므로 바닷물은 절대정지한 것이 아니고 멎어 있는 것은 육지 쪽이다.

그런데 우주에서 천체는 육지나 섬 같지 않고 배처럼 생각해야 한다. 왜냐하면 천체는 어떤 계기로 움직일 수 있는 것이기 때문이다. 그래서 우주에서 절대정지한 것으로 제시된 것이 에터이다.

에터에 대하여 멎어 있는 것이야말로 절대적인 의미의 정지이며 이것에 대하여 움직이는 것을 움직이고 있는 천체라 부르면 된다.

절대로 움직이지 않는 우주의 바다는?

누구나 어릴 적에 기차가 서로 엇갈릴 때 그 빠르기에 놀란 경험을 기억할 것이다. 반면 자기가 타고 있는 기차만 왜 이렇게 느린가 하고 불만스럽게 생각했을 것이다. 물론 이것은 상대속도 탓이며, 상대편 기차에서 보면 이쪽 기차가 빠르다고 느낀다. 서로 상대편 입장만을 부럽게 생각한다. 무슨 교훈의 소재가 될 듯한 이야기이다.

가령 우주에 단지 2개의 별만이 있다고 하자. 그리고 이 별들이 서로 접근하고 있다고 하자. 그때 별 A가 별 B에 가까이 가는가, 아니면 B가 A쪽으로 가는가?

이때 A가 정지하고 B가 움직이고 있다든가, 양쪽 다 같은 속도로 가까이 가고 있다든가, 무엇인가 거기에 판가름할 만한 것이 있다고 생각하는 것이 절대론자이다. 예를 들어 기차라면 지면을 기준으로 생각하면 된다.

이에 대하여 양쪽 거리가 점점 줄어드는 것은 사실이지만 그 이상 아무것도 말할 수 없다는 것이 상대론자이다. 측정 기술이 부족하기 때문에 판정할 수 없는 것이 아니고, 어느 쪽이 멎어 있는가 하는 표현은 전혀 무의미하다고 하는 것이다.

절대론자와 상대론자 중 어느 쪽이 옳은가? 여기서 앞의 에터가 등장한다. 2척의 배가 가까워질 때 어느 쪽이 움직이고 있는지(또는 양쪽 모두 움직이고 있는지)는 바다를 보면 알 수 있다. 그러므로 에터를 알아내면 별의 절대적인 운동을 파악할 수 있으며 절대론자가 이기게 된다. 문제는 그 에터를 찾아낼 수 있는지 하는 것이다.

알아낸다고 해서 눈으로 직접 보지 않아도 된다. 간접적인 방

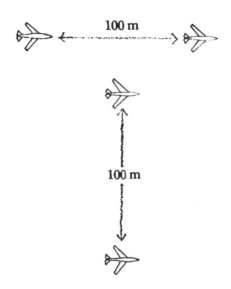

〈그림 49〉 2대의 제트기

법으로라도 지구는 확실히 에터 속을 달리고 있다든가, 어떤 방향(예를 들면 지축과 직각인 방향)으로 달리고 있는데 다른 방향(예를 들면 치축의 방향)으로는 멎어 있다는 것을 알면 된다.

　이것을 알려면 그렇게 어려운 이론이 필요 없다. 공중을 나는 2대의 제트기의 이야기와 마찬가지이다. 2대가 100m의 거리를 두고 전후하여 일직선으로 나는 경우와 2대가 가로로 100m의 간격을 두고 나란히 같은 방향으로 나는 경우를 생각해 보자. 1대에서 발생한 음파가 다른 1대에 부딪쳐서 되돌아온다고 하자. 이때 음파가 왕복하는 데는 어느 쪽이 소요시간이 길까?

　물론 제트기가 음속보다 빨리 날면 어느 경우라도 음의 왕복은 있을 수 없으므로 제트기는 음속보다 늦게 난다고 하자. 계산해 보면 앞뒤를 왕복하는 쪽이 시간이 더 걸리는 것을 알 수 있다. 즉, 지정한 두 점 사이를 파가 왕복할 때 파의 매질이 두 점을 잇는 직선과 같은 방향으로 움직이고 있는 쪽이 이것과 직각 방향으로 달리고 있을 때보다도 소요시간이 길다.

마이클슨-몰리의 실험

드디어 에터의 존재를 확인하는 단계가 왔다. 간접적으로라도 그 존재가 인정되면 절대론자의 승리이며 우주에는 확고 불변의 기반이 인정된 것이 된다. 이에 반하여 에터를 찾아내지 못하면 절대론자는 아주 어려운 입장에 몰린다.

에터는 우주공간에 정지하고 있고 지구는 그 속에서 공전한다. 그러므로 지구는 동서 방향으로 에터 속을 가고 있다. 거꾸로 지구의 입장에서 생각하면 에터라는 빛의 매질이 동서 방향으로 가고 있다.

이러한 고찰은 처음부터 신중하게 해야 한다. 먼저 지구가 에터에 대하여 동서 방향으로 움직이고 있다는 것이 정말일까? 에터가 지구와 더불어 움직이고 있지 않을까? 가령 봄에는 지구와 더불어 움직이고 있다면 가을에는 지구 공전 속도의 2배 속도로 떨어져 나가야 한다. 만약 봄에도 가을에도 같이 움직이고 있다면 에터라는 매질은 1년 동안에 지구와 더불어 주위를 1회전해야 한다.

에터의 속도(이때 속도의 방향만 생각하면 된다)가 지구와 더불어 1회전한다고 생각하면 관측 결과가 모순된다. 왜냐하면 브래들리가 별의 방향을 관측했을 때 봄과 가을에 망원경을 반

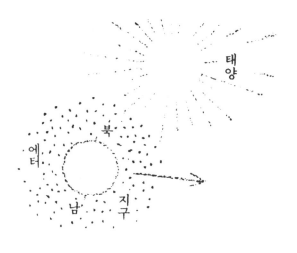

〈그림 50〉 에터의 바다를 가는 지구

대로 조금 기울여야 했던 것은 에터가 지구와 함께 행동하지
않았기 때문이다.

　지구는 공전 외에 동서 방향으로 자전하고 있다. 자전 속도
는 적도상에서 1.36마하, 고위도의 지방에서는 더 늦다. 그런
데 공전 속도는 90마하 이상이며(거의 초속 30㎞) 자전 속도보
다 훨씬 빠르다. 동서 방향의 속도는 공전 속도와 자전 속도의
합이 되거나 차가 되기도 하지만 아무튼 상당한 속도로 달리고
있는 것만은 분명하다.

　이러한 이론의 기초 위에서 미국의 물리학자 마이클슨과 몰
리는 1881년에 과학사에 특기할 만한 실험을 하였다. 동서 방
향과 남북 방향으로 같은 길이의 공간을 설정하여 이 사이에
빛을 왕복시켜 소요시간의 차를 알아내려고 하였다. 물론 스톱
워치로 시간을 재려는 것은 아니었다. 빛을 동서와 남북으로

나눠 왕복시킨 후 다시 합쳐 양쪽을 간섭시키려는 것이었다. 간섭 무늬의 움직임에서 소요시간의 차는 정확하게 알 수 있게 되어 있다. 또 이 실험 장치는 만약 동서와 남북의 거리가 조금이라도 다르면 이상한 결과가 나온다. 그 때문에 배구, 축구, 농구 시합에서 한 세트마다 양쪽이 자리를 바꿔 공평하게 하는 것처럼 이 실험에서도 90° 돌려 동서와 남북을 바꿔 불공평하지 않게 그 나름대로 보정을 하였다. 어쨌든 마이클슨-몰리의 실험은 기술적으로 충분히 믿을 만한 것이었다.

과연 실험 결과는 어땠을까? 동서와 남북과는 소요시간의 차가 인정되지 않았다. 빛의 속도, 지구의 공전 속도, 실험 장치의 정밀도를 생각하면 당연히 나타나야 할 소요시간의 차가 나오지 않았다.

즉, 동서로도 남북으로도 빛은 같은 속도로 달렸다.

절대론자의 억지

되풀이하지만 광속도의 차가 인정되지 않았다는 것은 절대론자에게는 아주 불리하였다. 에터가 존재하지 않는다는 결과가 되어 버린 것이다.

원래 사람의 마음 밑바닥에는 어딘가 절대를 쫓는 요소가 있는 것이 아닐까? 애매하지 않고 절대적으로 믿을 수 있는 것을 추구하고 있지는 않을까? 그런 결과 막다른 곳에 가면 유사 종교로 치닫는 것이 아닐까?

이에 반하여 「상대」라는 개념은 어쩐지 안정성이 없는 허황된 것처럼 느껴진다. 어딘지 석연치 않은 느낌이 있기 때문일 것이다. 우리는 솔직히 「상대」를 인정하지 않으려 한다.

마이클슨-몰리의 실험 뒤에도 절대론자는 최후의 반격을 시도하였다. 그 선봉은 네덜란드 태생의 물리학자 로런츠였다.

그는 이 역사적인 실험 뒤에 다음과 같이 반론하였다.

「마이클슨-몰리의 실험은 옳다. 그렇다고 해서 지구의 표면에서 빛이 동서와 남북으로 같은 속도로 달린다고 말할 수 있겠는가? 마이클슨과 몰리는 동서와 남북으로 같은 거리를 빛이 달린다고 확신하였다. 처음에 남북으로 놓은 장치를, 다음에 90° 회전시켜 동서 방향으로 설치하였다. 그러므로 이 둘은 같은 길이라는 그들의 생각은 너무 상식적이지 않을까? 아무튼 에터라는 만만치 않는 괴물을 상대하고 있으니 말이다.

에터란 비압축성의 고체인 것 같다. 그러므로 동서로 놓인 것은 이 고체에 격렬하게 충돌하면서 나아간다. 따라서 동서에 놓인 것은 근소하지만 수축한다. 남북으로 놓으면 다시 늘어난다.

빛은 같은 거리라면 역시 동서를 왕복하는 쪽이 소요시간이 길어진다. 그래서 반사경까지의 거리가 수축되어 있으므로 소요시간의 늘어난 몫이 정확히 상쇄되어 결국 동서와 남북에서 시간 차가 나오지 않는다.」

참으로 교묘한 반론이다. 수직적으로도 맞고 주장 자체에 결코 모순이 없다. 그럼 우리는 그의 주장을 그대로 받아들이고 우주에 엄연하게 존재한다는 에터를 항상 생각해야 할까?

자연과학의 입장

이야기가 이쯤 까다로워지면 다시 「자연과학이란 무엇인가?」하는 문제로 되돌아가 고쳐 생각해 봐야겠다.

자연과학은 실제로 측정된 사실만을 문제로 삼는다. 동서로 달리는 빛이 실제로 늦어지는 것을 알아보면 된다. 또한 동서를 향해서 놓았을 때 수축되는 것이 인정되면 충분하다. 그런데 로런츠의 주장은 수축되는 동시에 그것을 측정하는 사람도 수축한다는 것이다. 그러면 처음에 정확한 정사각형을 그리고 다음에 그 정사각형을 수평면으로 놓으면 어떻게 될까? 지구의 공전 속도 정도로는 동서 방향의 수축(로런츠가 말하는 것처럼 수축한다고 가정)은 아주 근소하지만 눈의 정밀도가 아주 좋아서 알아볼 수 있다고 하자. 본래의 정사각형이 동서로 짧고 남북으로 긴 직사각형으로 보이지 않을까? 만약 그렇게 보이면 로런츠의 주장은 옳다.

그런데 이것도 안 된다. 눈에 들어오는 빛은 수정체라는 렌즈로 접속되어 시신경을 자극한다. 시신경이 있는 곳(망막)에 직사각형의 상이 비칠 것인데, 시신경을 만들고 있는 분자나 원자가 동서 방향으로 수축하였으므로 시신경은 이것을 직사각형이라고 판단할 수 없다. 정사각형이라고 생각한다. 결국 동서로 수축한다거나, 동서로 달리는 광속은 늦다고 주장해도 이것을 실증할 수단이 전혀 없다. 지어낸 이야기라고 해도 어쩔 수 없다.

이 이야기는 다음과 같은 예로 생각하면 더 알기 쉽다. 어떤 사람이 이 세상에 있는 것은 모두 1시간에 2배의 비율로 커진다고 주장했다. 자신의 몸도, 집도, 지구도, 광속도도, 분자도, 원자도, 모두 1시간이 지나면 2배가 된다는 것이다. 이 설을 부정할 아무 근거도 없다. 즉, 내부 모순이 없다. 모든 것이 한번에 커지고 있으므로 우리가 지금 눈으로 보는 대로 되어 있을 것이니 말이다.

그러나 이런 설을 주장해 봐야 별수 없다는 것은 곧 납득이
갈 것이다. 이것이야말로 「엉터리」이다. 이런 설이 허용된다면
이번에는 A가 1시간에 3배의 비율로 커진다고 하여 A의 정리,
B는 4배로 커진다고 해서 B의 정리, C는 5배라 하여 C의 정
리라고 하면 야단이 날 것이다. 팽창하지 않는 것이 있어서 그
것에 비해 다른 것이 커진다면 그때는 크게 거론되어야 한다.
그러나 A, B, C의 정리처럼 설사 자체에 모순이 없어도 관측
의 대상이 되지 않는 것은 자연과학에서는 문제로 삼지 않는
다. 이것이 자연과학의 입장이다.

물론 로런츠의 주장은 얼핏 보기에 그럴듯하다. 그러나 에터
를 인정하면서도 마이클슨-몰리의 실험 결과를 설명하려고 하
는 고집에서 나온 것이라면, 이것은 앞의 A의 정리나 B의 정
리와 별다를 것이 없는 이만저만한 억지가 아니다.

그러나 전자론(電子論)에서 큰 업적을 남긴 로런츠는 최고의
물리학자였다. 아인슈타인의 상대성이론이 발표되자 스스로 완
고한 설을 거두어 오히려 아인슈타인에게 협력적인 입장을 취
하여 그 연구에 한몫을 거들었다.

나중에 아인슈타인에 의해 제창된 상대성원리에 의하면 물체
는 달리고 있는 방향으로 수축하는데(단 로런츠가 처음 제창한
것처럼 에터가 밀려 수축한다고 생각하지 않고), 이 현상은 그
의 이름을 따서 '로런츠 수축'이라고 불리고 있다.

양자론적인 파

이리하여 에터는 전혀 무의미한 것이 되어 버렸다. 오히려
적극적으로 부정되어야 하는 것이었다. 그렇지 않으면 마이클

슨-몰리의 실험 결과를 설명할 수 없다.

그럼 왜 에터를 생각해 냈을까? 이 이야기를 되돌리면 빛이란 파의 매질로서 물리학에 도입된 개념이다. 그러므로 에터를 부정하는 것은 좋다고 해도, 결국 이것을 설정한 즈음의 생각으로 되돌아가는 것은 아닌가? 물리학자들이 스스로 만들고 스스로 깨뜨리는 것은 너무 지조가 없지 않은가?

그러나 그동안에 물리학에 큰 진보가 있었던 것을 그냥 넘길 수 없다. 특히 양자론은 빛에 대한 생각을 근본적으로 바꿔 버렸다.

바다의 파도나 음파 등은 고전적인 파이다. 이것에 매질이 필요한 것은 말할 것도 없다. 그런데 빛(나중에 전자나 그 밖의 소립자의 흐름도 물질파라고 하여 빛과 마찬가지로 파의 성질이 있다는 것이 인정되었다)은 고전적인 파와는 본질적으로 다르다. 회절격자를 통과하면 뒤에 줄무늬가 생긴다. 회절격자를 지나간 결과 고전적인 파와 같은 무늬가 생긴다는 것뿐이다. 진행하는 도중에 아무도 이것을 본 사람이 없고 볼 수도 없다. 보통 파와는 전혀 다른 것이기 때문이다.

빛이 공간을 달려도 어느 순간에 어디가 산이고 어디가 골짜기인지 우리는 모른다. 바다의 파도나 음파라면 장소 x와 시각 t와의 함수로서

$$y = \sin 2\pi \left(\frac{t}{T} - \frac{x}{\lambda} \right)$$

가 된다. 단, T는 주기, λ는 파장이며, 바다의 파도라면 y는 수면의 높이, 음파라면 y는 공기의 밀도라고 생각하면 된다.

이러한 함수형을 안다는 것은 이것을 그래프로 그릴 수 있다

는 것이다. 그런데 광파는 그릴 수 없다. 경계 조건(예를 들면 반대면)이 없을 때는 그래프에 그릴 수 있다는 것이 오히려 이상하다. 그런데 주기 T나 파장 λ는 알 수 있다. 이런 유령 같은 것을 수학적으로 나타내기 위해서 어떻게 하면 될까?

좋은 방법 중의 하나로

$$\varphi = e^{i2\pi(t\ell\,T-x/\lambda)}$$

라고 나타낸다. φ(프사이)는 광파의 양자론적 성질을 나타낸다고 한다. 예를 들면 t를 정수로, x를 횡축, φ를 종축으로 잡고 이 식을 그래프로 그리려 해도 아무도 할 수 없다. 허수가 들어간 복소수이므로 그릴 수 있을 턱이 없다. 또한 이 함수를 쓰면 다음 연산을 하기 쉽다. 양자론적인 기술로서 φ를 쓰는 것은 4장 「해프닝이 아닌 사건」에서도 이야기하였다.

수학적으로 보아도 빛은 보통 파와는 전혀 다르다. 그리고 이러한 양자론적인 파동에서는 고전적인 파처럼 매질을 생각할 필요가 없다.

태초에 광속이 있었다

이리하여 에터는 물리학 역사의 한 시기에 등장한 유령에 그치고 말았다. 우리가 도달한 최종적인 결론은 방향이나 운동에도 불구하고 광속은 일정하다는 사실이다. 일정하다는 것은 이것을 관측하는 누구에게든 언제나 3×10^{10} cm/s(초속 30만 km)라는 것이다.

만약 역학이라면 발하는 것과 받는 것의 상대속도로 속도가 다를 것이다. 파동이라면 관측자가 매질에 대해 어떻게 움직이는가에 따라 속도가 다를 것이다. 그런데 빛에 한해서는 그중 어느 것도 아니다.

「그런 이상한 일이……」라고 따져도 어쩔 수 없다. 그것이 사실이라면 사실을 순순히 인정해야 한다.

속도란 진행거리를 소요시간으로 나눈 값이다. 광속도를 억지로(억지라기보다 자연계의 실정에 따른다고 말하는 편이 낫다. 결코 억지가 아니기 때문에) 일정하게 한 것이므로 거리라든가 시간 쪽에 여파가 가는 것이 당연하다.

우리 인간은 오랫동안 공간과 전혀 관계없이 과거로부터 미래로 영원히 계속되는 시간과 더불어 살고 있다고 생각해 왔다. 그러나 광속도가 일정하다는 것을 알았으므로 이 생각은 당연히 변경되어야 한다.

공간과 시간이 처음에 있었고 이 둘의 비로서 속도라는 물리량이 유도되었다는 것이 아니다. 자연계는 「태초에 일정한 광속이 있었느니라」로 시작돼야 한다. 무엇보다도 광속도가 일정한 시공간이 바로 우주이다. 광속도 일정이라는 원칙에 절대로 어긋나지 않도록 하면서 공간이나 시간이 갖는 성질을 이것에 덧붙여 가야 한다. 왜냐하면 우리의 우주는 우리의 인식 밖의 것일 수 없기 때문이다. 그리고 인식을 위한 기본량이 광속인 것이다. 그러기 위해서는 아무리 힘을 가해도 절대로 수축되지 않는 금속 막대기가 뜻밖에(즉 상식을 벗어나) 수축하는 어쩔 수 없는 경우도 생길지 모른다. 나와 당신의 시간 경과가 다를지도 모른다. 이것은 단지 생각만이 아니고 이 세상은 실제로 그렇게 되어 있다.

광속도는 에너지의 전달 속도이며 우리의 모든 인식을 형성하기 위한 정보 전달의 최고 속도이다. 우리는 발신, 수신의 조건 여하에 불구하고 그 값은 일정하다는 것을 알았다. 그러기 위해서는 공간이나 시간의 절대성을 포기해야 한다.

2장에서는 4차원 공간이란 어떤 것인가를 기하학적인 입장에서 이야기하였다. 그리고 현실 세계에, 즉 물리학적 입장에서 네 번째 차원으로 시간축이 도입되었다. 그 사이의 경위는 다음 6장에서 이야기하겠다. 즉, 2장 「4차원 공간의 성질」(기하학적 4차원)에서 6장 「실재하는 4차원」으로 옮겨 간다. 이 유추의 골자는 아인슈타인의 특수상대성원리이다.

1879년에 독일 남부의 울름에서 태어나 스위스의 취리히공과대학에서 공부하고 베른 특허국의 기사로 일하면서 그의 사색은 우주를 형성하는 공간과 시간으로 향했다. 1905년에 마침내 마이클슨-몰리의 실험을 발판으로 특수상대성원리를 발표하였다.

나중에 이야기하는 것처럼 이것은 공간과 시간의 관련성(또는 공간과 시간의 동등성이라 하는 편이 좋을지 모른다)을 주장한 것이다. 그리고 그의 눈앞에 전개된 것이 4차원의 세계였다. 그러나 특수상대론에서는 아직 휜 공간에 대해서는 언급하지 않았다.

3장의 「휜 공간」을 물리공간(즉, 현실의 우주)에 대하여 해명하려고 한 시도는 7장에서 설명하겠다. 즉, 3장 「휜 공간」(기하학적 곡률)에서 7장 「비유클리드 공간」(물리학적 곡률)이라는 관계인데 이것을 해설한 것은 1915~1916년에 걸쳐 발표된 일반상대성원리이다.

특수상대론에서는 시간과 공간이 우주를 구성하는 토대인데,

일반상대론에서는 다시 질량이 구성 요소로 첨가된다. 질량이 있기 때문에 공간이 휜다는 것이다. 그러므로 만일 우주의 어디선가 질량에 큰 변화가 있으면 거기서 공간이 휘고 그것이 광속으로 퍼져 갈 것이다.

아지랑이나 신기루로 시계가 흔들리고, 지진으로 대지가 움직이지만 일반상대론에 의한 공간의 흔들림은 이러한 광학적 또는 역학적인 현상이 아니다. 진짜로 공간의 휘어짐이 전파되는 것이다. 이것을 중력파(重力波)라고 하는데 이론상으로 존재하더라도 실제로는 아주 미미한 것이므로 관측하기 어려울 것이라고 생각해 왔다.

그런데 7장에서 이야기하듯이 최근 미국에서 중력파를 관측하였다고 한다. 따라서 물리학적 의미에서는 공간의 휘어짐을 확정적인 사실로 인정하지 않을 수 없게 되었다.

6장
실재하는 4차원

길이란 무엇인가?

망원경으로 관측하여 세 별 A, B, C의 위치를 쟀다. 별의 원근을 측정하는 것은 방향만을 조사하는 것보다도 훨씬 큰 오차가 생기기 쉽지만 아무튼 이들의 위치가 판명되었다고 하자. 현대 과학의 모든 기술을 동원하여 별의 광도나 빛깔 등 여러 가지를 검토한 것이다. 그리하여 세 별이 마침 정삼각형의 꼭 짓점에 있었다고 하자. 물론 원근도 고려하여 우주공간에서 정삼각형 위치를 차지하게 되었다.

이 경우의 정삼각형이란 어떤 것인가? 그것은 지구의 인간이 인식하는 한에서 바른 정삼각형이다.

그러나 세 별 가운데 가장 먼 것이 100만 광년, 가장 가까운 별이 1만 광년 떨어져 있다고 하자. 그렇다면 우리가 세 별을 동시에 보고 이것이 정삼각형이라고 해도 이들이 실제로 정삼각형으로 배치되어 있다는 보증은 없다. 정삼각형이었던 것은 옛날이야기이다. 더욱이 하나는 100만 광년, 하나는 1만 광년으로 시간적으로 큰 차가 있는데도 이것을 동일시해도 될까?

이것은 태곳적의 매머드가 창경궁에 나타난 격이 아닌가? 을지문덕 장군과 이순신 장군이 합동작전을 하였다는 이야기와도 같다고나 할까? 1만 광년 떨어진 별은 지금부터 1만 년 후에 그 위치가 확인되며, 100만 광년 떨어진 별은 100만 년이 지난 뒤에야 현재의 상태가 밝혀지는 것이 아닌가? 장차 이 위치의 기록을 조사해 보면 정삼각형이 아닐지 모른다. 그러므로 현재 정삼각형이라고 우리가 인정해도 이것은 진실이 아닌 것일까?

실은 자연과학에서는 이러한 사고방식을 취하지 않는다. 우리가 자연계를 인식한다는 것은 실제로 그것을 보는 것이다. 영화나 TV의 녹화는 어디까지나 환영에 지나지 않는다. 직접 그것을 본다는 것이 객체(客體)를 인지하는 것이다. 현재 보고 있는 저 별이 자신의 자연관(自然觀)을 구성하는 객체인 것이다. 1만 광년 떨어진 별은 1만 년 지나서 말해야 한다는 사고방식은 시간과 공간을 따로 떼어 낸 자연관이 되어 버린다.

을지문덕 장군과 이순신 장군은 직접 만날 수 없지만, 별의 경우는 지금 보아 정삼각형이라면 정삼각형이라 부른다. 이를테면 진짜 삼각형을 판정하기 위해 가령 1만 년이든 100만 년을 기다려야 한다면(한 사람이 그렇게 살 수는 없으므로 그렇게 하려면 기록에 남겨 자손에게 전해야겠지만) 그동안에 지구나 별이 움직일 염려가 있을지 모른다. 둘 사이에 상대속도가 생기면 사태는 아주 복잡해진다. 가령 100광년 떨어진 별에 대해서는 100년을 기다려야 말할 수 있다면 우리의 자연관은 지구를 중심으로 하는 반지름 70광년이나 80광년(사람의 일생을 70년이나 80년이라 하고) 거리의 구 안에 한정되어 버린다. 자연관이란 그런 것이 아닐 것이다. 은하계도 안드로메다도 현재의 상태에서 연구한다. 그리고 자연의 바탕에는 먼저 불변의 광속도가 있고 그것을 형성하는 성분으로서 시간과 공간이 따른다.

그 때문에 우리는 「길이」라는 극히 상식적인 물리량에 대해서도 사고방식을 근본적으로 바꿔야 한다. 막대의 길이란 그 양단 A점과 B점이 떨어져 있는 정도이다. 만약 광속도가 무한대라면 AB의 길이란 A점과 B점과의 거리라고 하면 된다. 그러나 광속도는 유한하다. 그 때문에 길이란 「우리가 A점과 B점을

동시에 관측한 때의 두 점의 간격이다」라고 해야 한다. 이런
뜻에서 길이는 시간을 떠나서 정의할 수 없다.

이런 경우 막대가 정지하고 있으면 그다지 문제가 없다. 옛
날의 막대도, 지금의 막대도 같은 길이로 보이기 때문이다. 그
런데 막대에 대하여 우리가 움직이고 있다고 하면(또는 우리에
대하여 막대가 움직인다고 하면) 그 움직임이 막대의 길이에
영향을 미친다.

시간의 지연

여기에서 서로 움직이는 두 사람이 각각 상대의 입장을 어떻
게 인식하는지 생각해 보자. 예컨대 지구상에 있는 사람을 철
수, 로켓에 타고 있는 사람을 복남이라고 하자. 로켓은 등속도
v로 달리고 있다. 만일 속도가 변하면 이야기가 까다롭게 되므
로 이 문제는 뒤로 미루기로 하고, v는 광속도 c에 비하여 얼
마 늦지 않다고 한다. 그렇게 빠른 로켓이 있을 수 없다고는
하지 말자.

이 로켓 바닥에서 똑바로 위로 빛을 내서 천장에 있는 거울
에 반사시켜 바닥에 되돌아오게 한다. 이때 빛을 발하고 나서
빛이 되돌아올 때까지의 시간을 재면, 철수가 자기 시계로 잰
경우와 복남이가 자기 시계로 잰 경우 같은 값이 될까? 아니면
다를까? 물론 철수의 시계와 복남이의 시계는 서로 정확한 시
각을 가리킨다.

로켓의 천장과 바닥의 거리를 a라 하면 복남이가 본 소요
시간은 $2a/c$이다. 그런데 철수가 본 빛은 이등변삼각형의 두
변이다. 철수가 관측한 소요시간을 t라고 하면 이 이등변삼

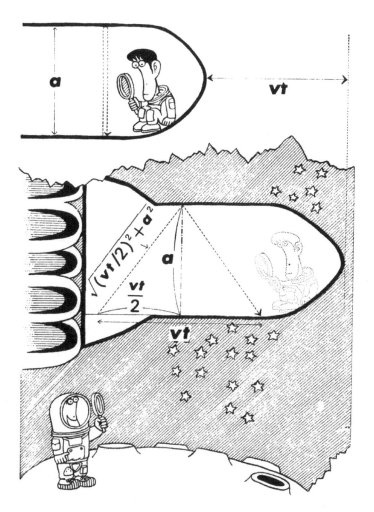

시간의 지연을 설명한다

각형의 밑변 길이는 vt이므로 빗변은 피타고라스의 정리로 $\sqrt{(vt/2)^2 + a^2}$ 이며 두 빗변을 빛이 통과하는 동안에는 철수가 보는 자기 시계의 바늘이

$$t = \frac{2\sqrt{(vt/2)^2 + a^2}}{c}$$

만큼 움직이게 된다. 우리가 구하고 싶은 것은 이때(철수의 경우)의 소요시간 t이다. 그런데 이 식의 양변에 t가 포함되어 있으므로 일단 양변을 제곱하여 t에 대하여 정리해 보면 결국

$$t = \frac{\dfrac{2a}{c}}{\sqrt{1 - (\dfrac{v}{c})^2}}$$

가 된다.

즉, 철수도 복남이도 빛이 발하고 바닥에 도착한 같은 사건을 관측하였는데, 그 사이의 시간은 복남이가 보고 있는 복남이의 시계로는 2a/c, 철수가 보고 있는 철수의 시계로는 t의 값이 되어 시간이 서로 다르다. 같은 사건의 시간 간격이 복남이 쪽이 짧고 철수 쪽이 길다. 복남이 쪽이 짧게 느낀다든가, 철수 쪽이 길게 보인다는 것이 아니고 실제로 복남이 쪽이 짧다.

왜 이렇게 되었을까? 다시 한 번 검토해 보자. 빛이 지나는 길은 철수가 보고 있는 쪽이 복남이보다 길다. 이것은 보통의 역학에서도 마찬가지이다. 로켓에 탄 사람이 바닥에서 똑바로 위로 공을 던지면 길이에 관한 한 복남이 쪽이 짧다. 그리고 공의 경우에는 그 속도가 철수와 복남이의 경우에 다르게 된

다. 철수 쪽은 로켓이 달리는 만큼 공의 속도에 가로 성분이 더해져 철수가 보는 공이 복남이 보는 공보다 빠르게 되고, 이로써 늘어난 길이가 상쇄되어 보통의 역학에서는 시간의 차이가 나타나지 않는다.

그런데 빛에 관한 한 그렇지 않다. 철수의 경우 경로가 긴 것에도 불구하고 철수가 보는 광속도, 복남이 관측하는 광속도는 똑같다. 그 결과 당연히 철수의 시간은 줄고 복남이의 시간은 늘어난다. 어떤 입장에서 보아도「광속도는 일정」하기 때문에 이런 결과가 되었다.

여기서 이의를 내도 소용없다. 우리가 인식할 수 있는 우주 공간이란 이렇게 광속도가 일정한 성격을 가졌다. 만인이 같은 시간의 흐름을 갖는다고 생각하는 것이 이상한 것이다.

길이의 수축

달리는 로켓 속에서는 지상에서 본 시간의 진행이 늦어지는 것을 알았다. 로켓이 아니어도 된다. 아무튼 빛의 속도에 비해 그다지 느리지 않은 것이라면 자기가 본 상대방의 시간 경과(어떤 사건부터 사건까지, 또는 사건의 시작에서 끝까지)와 자기 자신의 시간 경과는 다르다.

시간이 다르면 길이도 달라진다. 왜냐하면 시간과 길이가 서로 협력하여 일정불변의 광속도를 만들고 있기 때문이다. 우리는 항상 시간과 길이(즉 공간)에 대해 차별 없이 대해야 한다. 시간은 서로 어긋나지만 길이는 정지 상태에서 관측해도, 달리면서 측정해도 같다는 것은 한쪽 편을 든 것이 된다. 되풀이하지만 변하지 않는 것은 빛의 속도이지 시간이나 길이가 아니며, 시간과 길이는 변하는 것이다.

눈앞에 자가 있다. 그 길이를 l 이라고 하자. 이번에는 이 자가 대단한 속력으로 눈앞을 지나갔다고 하자. 이때 자의 길이는 이미 l 이 아니다. 왜 그럴까? 자의 수축을 다음과 같이 생각하면 납득이 간다.

달리는 자의 정확히 중간에서 빛이 나왔다고 하자. 이 빛을 자의 맨 앞과 맨 뒤가 받는다. 맨 앞과 맨 뒤가 빛을 받는 시각은 동시인가, 그렇지 않으면 다른가?

자에 붙어 달리는 사람이 있다면 동시라고 말할 것이다. 그에게는 자는 정지되어 있으며 중간에서 출발한 빛은 앞뒤로(그에게는 자가 움직이고 있지 않으므로 앞뒤라고 하는 것은 이상하다) 같은 속력으로 달리기 때문이다.

그런데 지상에 정지하고 있는 사람이 이 자를 보면 어떻게 될까? 어느 순간에 자의 중간에서 빛이 나온다. 빛은 자의 앞쪽과 뒤쪽으로 같은 속력으로 달린다. 그런데 자는 앞으로 움직이고 있으므로 빛은 먼저 자의 맨 뒤에 닿고 잠시 후에 맨 앞에 닿는다. 빛이 자의 끝에 닿는 시간에 차이가 생긴다. 그러므로 빛이 맨 앞에 닿았을 때 맨 뒤는 빛을 받은 위치보다도 다소 전진한 것이다.

여기서 길이란 무엇인가를 다시 생각해 보자.

「길이란 같은 시각에 있어서의 물체 양단의 떨어진 정도이다.」

지상에서 보고 있는 사람은 중앙에서 나온 빛이 자의 맨 앞에 닿은 시각을 바탕으로 양단의 떨어짐을 관측한다. 그러나 그때 맨 뒤는 다소 전진한 위치에 있다. 그만큼 자는 수축한

자의 수축의 설명(정지하고 있는 사람에게는 C와 D가 같은 시각이고,
자와 함께 달리고 있는 사람에게는 A와 D가 같은 시각이다)

것이다.

자에 타고 있는 사람이 본 자의 길이를 ℓ (물론 이것은 지상의 사람이 지상에 정지하고 있는 자를 본 길이와 같다)이라고 하고, 지상의 사람이 속도 v로 달리는 자를 보았을 때 그 길이가 ℓ' 라고 하면 계산 결과는

$$\ell' = \ell \sqrt{1 - (\frac{v}{c})^2}$$

이 되는 것을 알 수 있다. 달리고 있는 자는 식에 보인 것같이 길이가 짧아진다. v로 달리고 있는 사람이 정지한 자를 본 경우에도 꼭 같은 비율로 길이는 짧아진다. 이것을 로런츠 수축이라 한다.

좌표변환이란 무엇인가?

보통의 3차원 공간에 막대가 있을 때 그 한끝의 위치 P를 직교좌표계로 (x_1, y_1, z_1), 다른 끝 Q를 (x_2, y_2, z_2)라고 한다. 그러면 막대의 길이의 제곱은 피타고라스의 정리에 의하여

$$(x_2 - x_1)^2 + (y_2 - y_1)^2 + (z_2 - z_1)^2$$

이 된다. 같은 막대를 다른 좌표계 (x', z', y')에서 보면

$$(x_2' - x_1')^2 + (y_2' - y_1')^2 + (z_2' - z_1')^2$$

은 역시 막대의 길이이며 이 값(설사 항 하나하나의 값이 변해도)은 앞의 것과 변함이 없을 것이다.

이렇게 「'」가 없는 좌표계에서 이것이 붙은 좌표계로 표현방

법을 바꾸는 것을 좌표변환이라 한다. 이 경우 알기 쉽게 말하면 처음에는 오른쪽 위에서 비스듬히 본 것을 다음에는 왼쪽 아래서 비스듬히 막대를 보는 각도로 바꾼 데 지나지 않는다. 단, 본다고 해도 평면적으로 보는 것만이 아니고 깊이도 잰다. 어떻게 보든 1m의 막대는 1m이다.

그러나 좌표변환이란 보는 각도를 바꿀 때만 쓰이는 것은 아니다. 예컨대 정지된 좌표계에서 관측한 값으로 고치는 것도 좌표변환의 일종이다. 좌표계 (x, y, z)에 대하여 x의 플러스 방향으로 등속도 v로 달리는 좌표계 (x′, y′, z′)를 생각해 보자. 양자의 관계는

$$x′ = x - vt$$
$$y′ = y$$
$$z′ = z$$

가 된다. 「′」가 붙어 있는 것이 달리는 좌표계에서 본 수치이다. 이때 막대의 양단을 1, 2로 나타내면(이 막대는 달리든 정지되어 있든 상관없다)

$$(x_2 - x_1)^2 + (y_2 - y_1)^2 + (z_2 - z_1)^2$$
$$(x_2′ - x_1′)^2 + (y_2′ - y_1′)^2 + (z_2′ - z_1′)^2$$

이 되는 것을 알 수 있다. 이렇게 등속도로 달리는 체계 사이의 좌표변환을 갈릴레오 변환이라고 부른다.

그런데 광속도 일정이라는 엄연한 사실을 알게 되면 갈릴레오 변환으로는 들어맞지 않게 된다. 어쨌든 상대방의 길이는

수축하고 시간의 경과는 늦어지기 때문이다. 앞에서 유도한 로
런츠 수축을 고려하면 갈릴레오 변환 대신에

$$x' = \frac{x - vt}{\sqrt{1 - (\frac{v}{c})^2}}$$

$$y' = y$$

$$z' = z$$

$$t' = \frac{t - \frac{v}{c^2}x}{\sqrt{1 - (\frac{v}{c})^2}}$$

가 되어야 한다. y나 z의 방향으로 달리지 않으므로 이 두 변
수에는 변함이 없지만 x와 t가 복잡하게 변환된다.

이것을 좀 더 구체적으로 설명하면 정지한 사람은 어떤 사건
을 (x, y, z, t)라고 인식하지만 달리고 있는 사람은 똑같은 사
건을 (x′, y′, z′, t′)라고 보는 것이다. 운동은 상대적이다.
「′」쪽이 정지되고, 「′」 없는 쪽이 x의 마이너스 방향으로 v로
달리고 있다고 해도 지장이 없다.

변환법칙은 이렇게 복잡하게 되지만 이것이 이 세상의 진실
이라면 트집을 잡지 않고 인정할 수밖에 없다. 문제는 이러한
변환에 대해 무엇이 불변량이 되어 있는가 하는 데 있다.

두 사건 P와 Q를 철수는 (x_1, y_1, z_1, t_1)과 (x_2, y_2, z_2, t_2)라
고 생각하고, 복남이는 (x'_1, y'_1, z'_1, t'_1)와 (x'_2, y'_2, z'_2, t'_2)
라고 믿는다. 광속도가 무한대라면 막대의 길이가 불변량이었
다. 그러나 광속도가 유한이라면 입장을 달리해도(즉, 「′」가 있

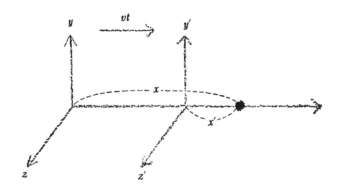

〈그림 51〉 갈릴레오 변환

는 좌표계에서 보든 없는 좌표계에서 보든) 변하지 않는 양은 무엇인가?

로런츠 변환의 식을 풀면(앞의 식에서 v가 소거되도록 연산한다. 그다지 어렵지 않으므로 각자 해 보는 것이 좋겠다) 다음과 같은 관계가 있다는 것을 알 수 있다.

$$(x_2 - x_1)^2 + (y_2 - y_1)^2 + (z_2 - z_1)^2 - c^2(t_2 - t_1)^2$$

$$= (x'_2 - x'_1)^2 + (y'_2 - y'_1)^2 + (z'_2 - z'_1)^2 - c^2(t'_2 - t'_1)^2$$

이 식은 움직이는 좌표의 속도 v의 값이 얼마가 되든 성립한다. 길이(즉 x_2-x_1)만 생각하면 좌표변환으로 변해 버린다. 또 시간(즉 t_2-t_1)에만 주목해도 불변성은 유지되지 않는다. 그런데 이렇게 4항을 한 쌍으로 짝지어 보면 합은 일정하다.

드디어 4차원을 찾다

앞에서 복선을 깔아 놓았듯이 네 성분의 제곱의 합이 불변인 공간이 4차원의 공간이다. 우리는 드디어 이것을 찾았다.

4개의 직교축은 x, y, z와 ict이다. c는 광속도, t는 시간이다. i는 제곱하면 −1이 되는 수이며, 수학에서는 이것을 허수라고 부른다. 허수가 되어 아주 이상하지만 어쨌든 ict가 네 번째의 차원이 된다.

그런데 네 번째 축은 왜 ict인가? t는 안 되는 것인가? 물론 안 된다. 예컨대 4차원 공간의 다음 식을 보자.

$$X^2 + Y^2 + Z^2 + U^2 = (X')^2 + (Y')^2 + (Z')^2 + (U')^2$$

이것과 앞의 식을 비교해 보면 U가 ict가 아니면 안 되는 것을 알 수 있을 것이다. i가 들어가지 않으면 c^2 앞에 마이너스 부호가 붙지 않는다.

x, y, z를 각각 세로, 가로, 높이라고 하면 ict는 어느 방향인가? 이것은 눈을 부릅뜨고 봐도 알 수 없다.

2차방정식을 풀어도 답이 허근이 될 때 포물선은 x축과 교차하지 않는다. x축과의 교점이 방정식의 답인데 이때에는 허점에서밖에 교차하지 않는다. 그런 것이 눈에 보일 리 없다. 이와 마찬가지로 단순히 3차원 공간 안에 의지하는 사고에서(바꿔 말하면 단순한 기하학적인 개념만으로) 네 번째 차원을 찾으려 해도 무리이다.

혹시 어떤 독자는 모처럼 4차원에 대한 기대가 어긋나 무슨 사기에 걸린 것같이 생각할지 모른다. 단순한 공간적인 4차원을 상상한 사람에게는 사기라는 결과가 되었는지도 모른다.

그러나 우리가 자연계를 인식할 경우 공간의 개념만으로는 불완전하다. 좀 더 극단적인 표현 방법을 쓰면 우리가 보고 있는 것은 공간과 시간의 양쪽이다. 우리가 지각하는 객체(客體)라는 것은 공간과 시각을 엇갈리게 짠 것이다.

그렇다고 하지만 허수 i에 불만을 갖는 사람도 많을 것이다. 실제로 문제와 씨름하는 경우에는 항상 이것을 제곱한 형태, 즉 -1이 문제가 된다. 이것을 좌표축으로 생각하기 위해서는 -1을 개평해야 할 딱한 처지가 된 것이다. 식의 응용에는 아무런 지장도 없다.

실제로 4차원 세계를 그래프에 그리는 경우에는 보통 i를 빼고 ct축을 쓴다. x, y, z, ct가 서로 직교하는 네 축으로 형성되는 4차원 공간은 독일의 수학자 헤르만 민코프스키에 의해 제창된 것으로, 이것을 민코프스키 공간이라고 부른다. 모든 물리학(과장해서 말하면 모든 자연현상)은 민코프스키 공간 안에서 기술되어야 한다. 물체의 속도가 터무니없이 빠르지 않으면 갈릴레오 변환으로 충분하다. 이때에는 보통의 3차원 공간을 써서 시간은 공간과 관계없이 과거에서 미래에 흐르고 있는 것이라고 해도 상관없다.

실재하는 4차원

우리는 공간으로서의 차원 외에 이것에 시간축 ct를 붙여 4차원 공간을 설정하였다. 이 축의 단위는 t에 c가 곱해진 것이므로 축 위에서의 길이로 나타내어 다른 세 축과 같은 물리량이 된다.

여기서 독자는

「x, y, z에 단순히 시간을 덧붙인 것뿐이지 않은가? 민코프스키 공간이란 사람이 날조한 것에 지나지 않는다. 아주 형식적인 관념의

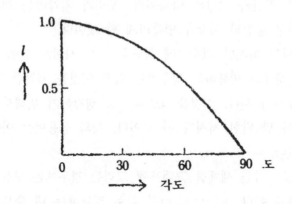

〈그림 52〉 막대의 경사와 사영의 관계

산물에 지나지 않는다. 시간이라는 무한히 계속되는 것이 이 세상에
있기 때문에 마침 잘됐다는 듯이 차원 속에 밀어 넣은 것뿐이지 않
은가?」

라고 할지 모른다. 물론 정육면체는 어느 쪽에서 봐도 정육면
체이다. 어느 방향에서 보아도 초정육면체가 되지 않는다. 그러
나 이것은 우리가 4차원 공간의 시간축에 수직인 단면(면이 아
니고 입체) 속에 살고 있는 탓이라고 생각하면 어떨까?

 2차원의 인간이 막대를 보고 있다고 하자. 막대가 면 안에
있으면 막대의 길이를 있는 그대로 인식할 수 있다. 그런데 막
대가 3차원 공간 속으로 들어가면, 즉 막대와 2차원 평면의 각
도가 점점 커지면 2차원의 사람에게는 막대의 길이가 점점 작
아지는 것같이 보인다. 그는 막대의 사영밖에 모르기 때문이다.
이 각도와 2차원의 사람이 인식하는 막대의 길이의 관계를 그
래프에 그리면 〈그림 52〉와 같다. 막대가 수직이 되면 길이는
0이 된다.

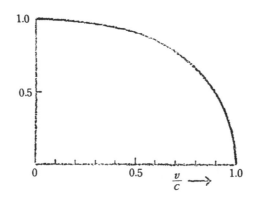

〈그림 53〉 막대의 속도와 길이의 관계

3차원 공간에서 막대를 기울인다는 것은 $x^2+y^2+z^2$이라는 불변량 중에서, 예컨대 x를 작게 하고 z를 크게 한다는 것이다. 이와 마찬가지로 생각하여 4차원 시공간의 불변량 $x^2+y^2+z^2-(ct)^2$ 중에서 x를 작게 한다는 것은 어떤 것인가? 이것은 앞에서와 같이 막대를 x 방향으로 아주 빨리 달리게 하는 것과 마찬가지이다. 이때에는 로런츠 변환식에서 알 수 있듯이 네 번째 항 $-(ct)^2$도 변화하여 네 항의 합이 일정하게 유지된다.

이상을 4차원 세계에서의 조작으로 바꿔 말하면 막대를 달리게 한다는 것은 네 번째 축에 따라 막대를 기울이는 것과 같아진다. 어쨌든 이리하여 막대는 수축한다.

아무리 견고한 금속 막대라도, 아무리 강력한 압축기에도 끄떡없는 고체라도 달리게 하기만 하면 수축한다. 이 수축을 어떻게 설명하는가? x가 작아져서 $-(ct)^2$이 변화한다는 것은 막대가 차츰 4차원 공간 속에 들어갔다고 해석하는 것이 가장 자연스럽지 않을까? 막대의 양단이 네 번째의 시간축 방향으로 기울기 시작한 것이다. 시간축에 수직인 3차원 단면 속에 얌전히 있지 않게 된 것이다.

막대는 광속에 가까워질수록 3차원 공간에 대하여 수직에 가까운 상태가 된다. 이 속도와 우리가 보는 길이의 관계를 그래프로 그리면 〈그림 53〉과 같다. 예컨대 세로축의 0.5는 막대가 광속의 반으로 달리는 것을 나타낸다. 이때 길이는 정지한 경우의 0.866배쯤이 되어 있다.

라이트 콘

그래프라는 것은 두 가지 변화하는 양 사이에 어떤 관계가 있을 때 이것을 직접 시각에 호소하기 위해 그려진 것이다. 둘 사이의 관계가 $x^2+y^2=a^2$(단 a는 상수)이라고 해도 해석기하학을 배운 사람이 아니면 잘 모른다. 이런 수식보다도 반지름 a의 원을 그리는 편이 훨씬 알기 쉽다. 또 $y=ax+b$는 직선, $y=ax^2$은 포물선을 나타낸다.

〈그림 52〉의 예는 가로축, 세로축 모두 공간적인 거리를 잡은 것이지만, 그래프의 가로축이나 세로축에 어떠한 물리량을 잡든 그것은 그래프를 그리는 사람의 자유다. 가로축에 시간 t, 세로축에 거리 x를 취하면 물체의 운동의 형태를 아주 똑똑히 이해할 수 있다. 기차 시간표를 편성할 때 곧잘 이런 그래프를 이용한다.

상대론에서는 로런츠 수축이 문제가 된다. 또 소립자론에서는 시간의 경과와 더불어 입자 간의 상호작용이 어떻게 되는가를 연구하게 되므로 시공간좌표가 쓰인다. 이런 때 우리는 세

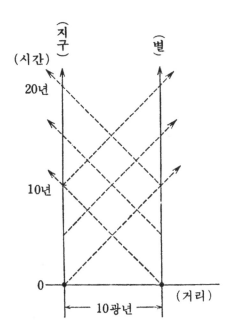

〈그림 54〉 시공간좌표상의 별

로축을 시간축으로 하는 것이 보통이다. 그리하여 아래를 과거, 위를 미래로 한다.

또 상대론처럼 양적인 정확성을 필요로 할 때는 세로축을 ct 로 한다. 예컨대 세로축의 1년에 해당하는 시간의 길이를 1㎝ 라고 하면, 가로축도 1광년에 해당하는 거리의 길이를 1㎝로 한다. 이러한 척도로 그래프를 그리면 빛은 반드시 45° 방향으로 달리게 된다(빛은 1년에 1광년을 가기 때문이다).

〈그림 54〉는 지구와 지구에서 10광년 떨어진 별을 시공간좌 표로 나타낸 것이다. 모두 정지하고 있으므로(지구의 공전은 무 시한다. 또 10광년 떨어진 항성은 없으나 이 그림은 하나의 예

시이다) 시간의 경과와 더불어 평행으로 위로 올라간다. 점선으로 그린 것이 빛이다. 서로 상대의 10년 전 모습밖에 볼 수 없다는 것을 그래프로 바로 알 수 있다.

이러한 시공간 속의 한 점(공간적인 위치가 아니다)은 앞에서 자세히 설명한 「사건」을 나타낸다. 또 지구에서 출발하는 로켓이 있으면 그것은 등속도가 아니므로 시간적, 공간적 경과는 곡선이 될 것이다. 시공간 그래프에 그려진 곡선을 세계선(世界線)이라 부른다.

공간에 대해서는 x 방향뿐만 아니고 y 방향이나 z 방향도 존재한다. 그러나 t축에 수직으로 3개의 서로 직교하는 축을 그릴 수는 없다. 그 때문에 z만은 그리지 않고 x와 y만을 기입하면 그림과 같은 입체도가 된다.

O점이라는 사건(위치가 아니고 사건이다)을 중심으로 생각하면 이 사건에서 발하는 빛은 시간과 더불어 x 방향, y 방향으로 퍼지므로 위로 퍼진 원뿔 모양이 된다. 또 이 사건이 수신하는 빛은 아래쪽(과거)으로부터 원뿔 모양으로 오므라져서 사건의 시공점 O에 모인다. 이렇게 민코프스키 공간(그래프는 3차원이므로 정확한 의미에서 민코프스키 공간이라고 할 수 없지만) 안의 빛의 경과로서의 원뿔면을 빛 원뿔(Light Cone, 라이트 콘)이라고 부른다. 원뿔면의 상부 안쪽을 사건 O의 미래, 하부 안쪽을 사건 O의 과거라고 한다.

그러나 면의 바깥쪽은, 가령 위쪽에 있어도 미래라고 할 수 없다. 나중에 이 라이트 콘의 효용에 대해 자세히 이야기하겠지만 빛이 닿지 않는 면의 바깥쪽은 사건 O와는 아무런 인과관계를 갖지 않는다. 그러므로 그곳은 과거라고도 미래라고도

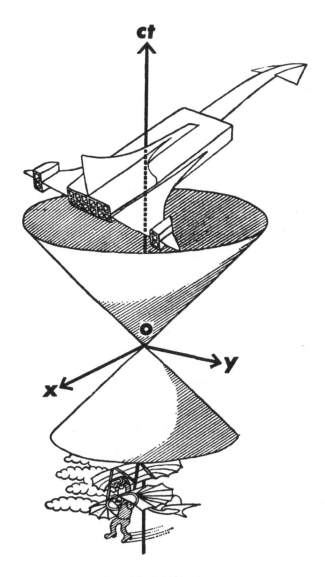

빛 원뿔(라이트 콘)

말할 수 없다.

좌표가 달린다

〈그림 54〉는 지구와 별 사이에 상대속도가 없을 때의 그래 프인데, 지구와 이에 대하여 상당한 속도(등속도)로 달리고 있는 로켓의 관계를 그래프로 그리면 어떻게 될까? 로켓이 달리고 있는 방향을 공간의 x축으로 하고 그 방향을 플러스(+)라 하자. 그러면 로켓의 세계선은 〈그림 55〉처럼 오른쪽으로 비스듬히 위로 올라간다.

빛은 오른쪽 위로 비스듬히 45°인데, 로켓은 물론 빛보다 늦기 때문에 같은 거리를 가는 데도 더 많은 시간이 걸리며 세계선은 가파르다. 바로 위로 c(광속도)만큼 (t=1) 나아가면 수평 오른쪽으로 v만큼 달린 것이 되므로 그림의 각도 θ도 바로 알수 있다(삼각함수를 쓰면 $\tan\theta = v/c$가 된다. 단, v는 로켓의 속도이다).

따라서 로켓에 고정된(로켓과 더불어 움직이는) 좌표계를 만들려면 시간축(이것을 ct′라고 쓰기로 한다)은 그림상에서 원점 O와 로켓의 그림을 연결하는 오른쪽으로 올라간 직선으로 잡으면 된다. 로켓 안의 사람은 이 좌표계에 대해서는 움직이고 있지 않다. 이 사람은 ct′축에 따라 로켓의 속도와 더불어 오른쪽으로 비스듬히 올라가므로 로켓계의 좌표에 대해서는 움직이고 있지 않게 된다.

보통 역학 그래프는 이것으로 그만이다. 정지된 것은 곧바로 올라가고, x의 플러스 방향으로 움직이는 것은 오른쪽으로 비스듬히 올라가고, x의 마이너스 방향으로 달리는 것은 왼쪽으

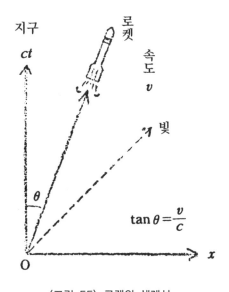

〈그림 55〉 로켓의 세계선

로 비스듬히 올라가도록 그리면 된다.

그런데 지금까지 얘기해 온 이론에 의하면 변하지 않는 것은 광속도이며, 로켓처럼 빨리 달리는 것은 그 시간뿐만이 아니고 공간도 변화한다. 즉, 시간과 공간은 동등하므로 시간축의 경사와 더불어 로켓계의 시간축도 기울어지지 않으면 안 된다.

로런츠 변환식이 올바르게 성립하는 그래프를 만드는 데는 〈그림 56〉과 같이 시간축과 공간축이 빛이 달리는 방향(45°의 방향)에 대하여 대칭이라야 한다. ct축이 오른쪽으로 기울 때 x축은 오른쪽으로 비스듬히 올라간다. 왜냐하면 광속도 불변의 원칙에 의해 꼭 1년이 지나면 빛이 1광년 가도록 해야 하기 때문이다. 경각은 물론 ∠xox'=∠(ct)o(ct)이다. 이리하여 지구계는 직교좌표, 로켓계는 사교좌표가 된다. 예컨대 A라는 사건은 지구계에서는 (A_x, A_t)라고 관측되고, 로켓계에서는 (A'_x, A'_t)로 관측된다. 또 로켓이 빠르면 빠를수록(즉 v가 클수록) ct'축과 x'축은 접근하여 극한의 광속도가 되면 두 축이 겹친다. 그러나 로켓의 질량은 빨리 달리면 달릴수록 커지므로 광속도에 달하는 데는 무한히 큰 추진력이 필요하며 이 상태의 실현은 불가능하다.

이야기가 다소 복잡하게 되지만 사교축에서는 눈금의 크기를 바꿔 주어야 한다. 직교축에서 가령 1년을 1㎝로 나타낸다면 사교축에서는 1년을 $\sqrt{1-(\frac{v}{c})^2}/\sqrt{1+(\frac{v}{c})^2}$ ㎝로 나타내야 한다.

수원과 천안에서 점심 먹다

앞에서 좌표교환에 대해 얘기하였다. 예를 들면 직교좌표(x, y, z)를 다른 직교좌표(x', y', z')로 바꾸는 것을 좌표의 회전이라 한다. 즉, 같은 것을 시점을 바꿔 다른 입장에서 보려고 하는 것이다. 좌표회전의 경우에는 어떤 입장에서 봐도 각 성분의 제곱의 합은 변함이 없다.

〈그림 56〉의 사교좌표도 좌표변환의 일종인데 좌표변환으로 지구상에서 측정하는 대신 로켓에 타고 있는 입장에 서서 사건을 보면 어떻게 되는가를 나타낼 수 있다. 그림의 A는 하나의 사건이다. 이것은 객관적 사실이므로 보는 사람의 입장이 어떻든 이 시공간 내의 점은 변하지 않는다. 그러면 O라는 시공점에 있는 사람과 사건 A의 관계는 어떻게 되어 있는가?

지구상에 정지해 있는 사람의 입장에서 말하면 (즉, 「′」가 붙

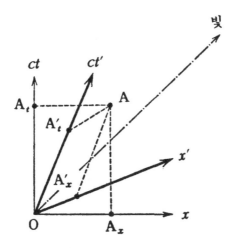

〈그림 56〉 로켓계의 사교좌표

지 않는 직교좌표에서 보면) A는 거리 $\overline{OA_x}$만큼 떨어져 있으며, 시간에 대해서는 $\overline{OA_t}$만큼 미래의 사건이다.

그런데 같은 O점이라는 시공점에 있는 사람이라도 이 사람이 속도 v의 로켓에 타고 있으면 입장이 달라진다. 이 사람에게 A는 $\overline{OA_x'}$만큼 떨어진 거리에 있고, $\overline{OA_t'}$만큼 미래의 사건인 것이다.

같은 시공점에서 같은 사건을 봐도(본다고 해도 미래의 사건이므로 눈으로 보는 것은 아니지만)거기까지의 거리나 시간도 다르다. 참으로 떨어진 거리에 있고 상식 밖의 일이긴 하지만 이것이 진실이어서 상식적으로 생각하는 것이 오히려 근시안적인 생각에 지나지 않는다.

어떤 항성이 지구에서 100만 광년 떨어져 있다고 하자. 이 100만 광년이라는 거리는 지구상의 사람이나 항성의 생물의 입장에서 표현한 거리이다. 굉장한 속도로 이 항성을 향하는 로켓이 지구 부근을 스쳐 갔다고 하자. 이 로켓 안의 사람에게 항성까지의 거리는 결코 100만 광년이 아니다. 50만 광년, 1만 광년, 로켓이 더 빠르면 1광년까지도 된다(이것이 로런츠 수축이다). 이처럼 길이나 거리는 확고 불변한 것은 아니고 관측하는 사람의 입장에 따라 달라진다.

다시 〈그림 56〉을 일상적인 예로 설명하겠다. 철수와 복남이가 특급열차로 부산으로 떠났다. 배가 고파진 철수는 식당차에 가서 식사를 하고 왔다. 잠시 후 이번에는 복남이가 식당차로 가서 샌드위치를 먹고 왔다.

「어디서 먹었지?」

하고 철수가 묻자

「카운터의 바로 앞자리가 비어 있기에 거기서 먹었어」

라고 복남이가 대답했다.

「그래, 나와 같은 곳에서 먹었구나」

하고 철수가 말했다.

이때 철수가 말한 「같은 곳」이라는 말은 물론 맞다. 그러나 이것은 기차 안의 사람에게만 통용되는 말이다. 밖의 사람이 보면 철수가 식사한 장소는 수원이고, 복남이가 샌드위치를 먹은 곳은 천안이다. 결코 같은 곳이 아니다. 그래프로 그리면 〈그림 57〉과 같다. 사건 A와 B는 직교계에서는 다른 장소이지

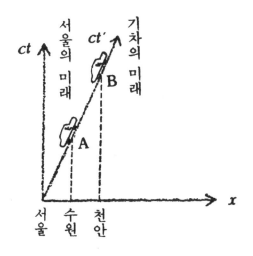

〈그림 57〉 입장에 따라 「위치」가 달라진다

만 사교계에서는 같은 장소가 된다. 즉, 입장에 따라 위치에 대한 관념이 달라진다.

동시는 동시가 아니다

시간에 대한 관념도 마찬가지로 입장이 다르면 달라질 것이다. 특급열차의 속도로는 시간축도 거리축도 도저히 비스듬히 기울어지기까지는 이르지 못하지만 알기 쉽게 과장해서 그린 것이다. 그리고 시간축이 〈그림 57〉과 같다면 거리축도 당연히 〈그림 58〉과 같이 된다.

「동시」라는 개념도 정지계와 운동계에서 다르다. 이것을 논하는 데는 광속도와 거의 가까운 정도의 속도가 필요하므로 상식적으로 생각하면 안 된다. 기차의 문제로 바꿔(가령 광속도가 훨씬 늦다고 가정해 보면 된다) 생각해 보자.

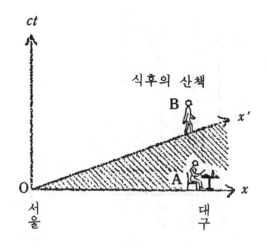

〈그림 58〉 정지계와 운동계에서는 동시가 다르다

A는 대구에 있는 삼촌이 식사하고 있는 사건이며, B는 식후의 산책이다. 그래프의 원점 O는 서울이다. 서울에 있어 기차를 타지 않은 사람(즉 정지해 있는 사람)은 대구에서 식사를 하고 있는 삼촌과 「동시」이다. 또 서울에서 기차를 타고 가고 있는 사람은 대구에서 식후의 산책을 하고 있는 삼촌과 「동시」이다. 무슨 도깨비장난 같은 느낌이 들지만 시간이란 이러한 성격의 것이다.

입장에 따라 「같은 장소」의 의미가 다른 것처럼 입장에 따라 「동시」가 나타내는 개념도 달라진다. 나도 여러분도, 가까운 사람도 먼 사람도 공통의 시각 위에서 미래로 향해 가고 있다는 생각은 틀리다. 시간이란 그렇게 융통성이 없고 완고한 것은 아니다.

〈그림 58〉의 빗금 친 부분의 시공점은 서울에 정지해 있는

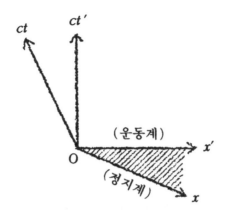

〈그림 59〉 지면이 움직이고, 기차가 정지하고
있다고 생각한다

사람에게는 미래이지만 기차 안의 사람(물론 그 사람은 O점에
있다)에게는 과거이다. 이런 의미에서 미래나 과거라는 말도 반
드시 절대적인 것은 아니다.

또 기차 안의 사람과 기차 밖의 사람의 관계는 아주 상대적
일 것이다. 기차가 서 있고 바깥의 사람들이 모두 움직이고 있
다고 생각해도 아무 지장이 없다. 그런데 왜 정지계는 직교좌
표이고 기차계가 사교좌표가 되는가? 불공평하다고 생각하는
사람이 있을지도 모른다.

실은 기차계를 직교좌표로 잡아도 지장이 없다. 이때에는 정지
계는 〈그림 59〉처럼 바깥쪽으로 벌어진 사교좌표가 된다. 정지
계는 기차에 대해 x의 마이너스 쪽으로 달리므로 이렇게 된다.
상대편 좌표가 안쪽으로 기우는지 바깥쪽으로 벌어지는지는 어
느 방향을 x의 플러스로 잡는지에 따라 정해진다.

또 〈그림 58〉의 빗금 친 부분은 그대로 〈그림 59〉의 빗금

친 부분이 된다. 정지계에서는 미래, 기차계에서는 과거인 것에
는 변함이 없다.

인과율

사람은 어머니에게서 태어나 유아, 소년, 청년을 거쳐 나이를
먹고 이윽고 죽는다. 이 경과가 거꾸로 이행하는 일은 절대로
있을 수 없다. 불을 붙이니까 종이가 타며, 살아 있으므로 사람
은 죽는다.

영화필름을 거꾸로 돌리면 활활 타던 불도 작아졌다가 타지
않는 종이가 나타나고, 죽은 사람도 되살아난다. 그러나 이것은
어디까지나 인위적인 것이다. 진실한 모습이란 우리가 직접 눈
으로 본 것이다. 물체에서 온 빛을 눈으로 보고 자연계의 상태
와 경과를 경험한다.

자연계의 결과에는 원인이 있고 원인이 결과를 불러일으킨
다. 그 과정을 잇는 것이 인과율이며, 인과율을 뒤엎는 사건은
이 세상에 없을 것이다. 죽은 사람이 되살아나거나 늙은이가
청년이 되고, 어린이가 된다는 일은 있을 수 없다.

원인과 결과의 관계는 시간의 경과에 따라 일어난다. 원인은
반드시 과거에, 결과는 그보다 미래에 있어야 한다. 그런데 시
공간의 그래프에서는 과거와 미래가 반드시 분명하지 않다고
얘기해 왔다.

그림을 보자. 원점에서 한 사나이가 총에 맞고 쓰러지려고
하는 사건이다. x축과 x′축 사이에 다른 사나이가 권총을 쏘는
사건이 있다. 권총을 쏜 것이 원인이며 사나이가 쓰러지는 것
이 결과인 것은 말할 것도 없다.

권총 사건의 인과관계

그럼 이 두 시공점의 시간적 관계는 x축(운동계)에서 보면 인과적으로 맞다. 즉, 권총을 쏜 것과 총알에 맞아 쓰러진 것은 과거로부터 미래로 흐르고 있다. 그러나 x′축(정지계)에서 이것을 보면 총알에 맞아 쓰러진 쪽이 권총을 쏜 것보다 시간적으로 먼저이다. 즉, 원인과 결과가 거꾸로 되어 있다. 이런 일이 생겨도 될까? 그렇다면 시공간의 4차원 세계에서는 이런 일이 일어날 수 있을까?

지금 문제로 다루는 것은 4차원 세계의 성질인데, 이 시공간에서 인과율이 성립하는지 아닌지는 극히 중요한 일이다. 만약 성립하지 못한다면 우리의 생각도 바꾸어야 한다. 입장을 바꾸면 늙은이가 청년이 되고, 불에 탄 집이 원래대로 복원된다. 깨진 사랑도 되살아날지 모른다.

이렇게 좋은 일만 있는 건 아니다. 자칫 잘못하면 전쟁 때의 어려운 상태 속에 놓일지 모른다. 지금 스무 살 안팎인 사람은 없어져 버린다. 또 지금의 자신은 없어질지도 모른다. 어쨌든 황당무계한 일이 일어난다.

그러나 아무리 4차원 공간을 생각하고 광속도가 유한하다 해도 인과율을 깨뜨리는 일은 절대로 일어나지 않는다. 그림이 틀렸다는 것이다.

원점과 권총을 쏘는 시공점 사이에는 어떤 방법을 써도 연결이 없다. 왜냐하면 가장 빠른 빛을 써도 원점에서 출발한 통신은 오른쪽 위로 45° 올라가기 때문이다. 또 권총의 시공점에서 x축 위의 마이너스 축으로 향하는 빛은 왼쪽 위로 45° 올라간다. 따라서 그 빛은 원점에 있는 상대의 시공점에 도달하지 못한다. 하물며 총알은 더 가파른 세계선을 그리며 그래프의 위쪽을 지나가 상대에게는 도달하는 일이 없기 때문이다.

다시 6장에 실린 라이트 콘 그림을 보자. O점을 시공점으로 잡으면 위쪽 원뿔면의 안쪽은 분명히 미래이다. 이 속의 시공점에 대해서는 O점부터 어떤 정보든 작용이든 도달한다. 원뿔면의 한계를 벗어날까 말까 하는 시공점에 대해서는 빛을 투시해 주면 된다. 더욱 안쪽의 점이라면 총을 쏘거나 소리를 전달하는 것으로도 된다. 혹은 손이 닿을지 모른다. 또 아래쪽 원뿔면 안쪽의 시공점은 O점에 대한 원인이 될 수 있다. 여기서 일어난 일의 영향이 O점에 미치는 것은 충분히 생각할 수 있다. 원뿔면 안에 한해서는 인과율이 성립하며 반드시 원인이 먼저이고 결과가 나중이 된다.

그런데 원뿔면의 바깥과 O점은 아무런 교섭도 있을 수 없다. 교섭이 없는 곳에 원인과 결과의 관계가 있을 수 없다. 그림 위쪽이 미래이고 아래가 과거라 해도 원뿔면의 바깥이라면 이것은 말장난이다. 아래가 과거란 것은 상관없으나 그 「과거」는 O점에 대한 원인일 수는 없다. 이 때문에 원뿔면의 내부를 시간적인 영역, 외부를 공간적인 영역이라고 하는 것과 같이 4차원 민코프스키 공간(그림을 3차원으로 그렸으나 사실은 4차원일 것이다)을 두 부분으로 나눠서 생각할 수도 있다.

초다시간이론

이상 얘기해 온 이론은 1905년에 발표된 아인슈타인의 특수상대론의 공간과 시간에 대한 이론의 개략이다. 특수상대론은 「시간과 공간이 무관한 것이 아님을 주장한 것이다」라고 표현할 수도 있다. 그 밖에 질량은 속도와 더불어 증대하며, 에너지와 질량은 서로 변환할 수 있다는 것도 특수상대론으로부터 귀결된다.

물리학의 연구는 한편에서는 우주라는 거대한 공간에 눈을 돌리지만 다른 한편으로는 전자, 양자, 중성자, 중간자 등 극히 작은 입자, 즉 소립자를 대상으로 한다. 상대성이론도 우주공간의 연구에만 적용되는 것은 아니다. 미시의 세계에서도 문제로 삼아야 한다.

빛은 양자론적인 고찰에 따르면 에너지의 알맹이처럼 취급되지만(이것을 광자라고 한다) 광자는 원자 속에 있는 전자에서 튀어나온다. 반대로 물질은 빛을 흡수하지만 이것도 전자가 빛을 삼켜 버리기 때문이라고 생각할 수도 있다. 이러한 현상을 전자와 광자의 상호작용이라고 하는데 그 메커니즘의 해명은 소립자론의 가장 중요한 연구 과제 중 하나이다.

소립자의 세계는 아주 작은 세계라고는 하지만 빛이 관여하고 있는 이상, 또는 사이클로트론 등으로 가속된 소립자가 맹렬한 속력으로 달리는 이상 당연히 상대론적으로 생각해야 한다.

2차 세계대전 이전에 이런 연구는, 예컨대 민코프스키 공간을 설정하더라도 시간축에 수직인 단면 안에서 방정식을 풀었다(그림 60). 즉, 양자역학의 기초가 되는 식이 상대론에 맞지 않았다. 그것은 2개의 다른 점에 대한 기술에서 같은 시각 t를 썼기 때문이다. 두 점 사이의 거리가 아주 작더라도 같은 t를 써서는 바른 결과가 나오지 않는다. 그래서 많은 입자를 기술하는 경우 위치가 다른 것만이 아니고 시각의 차이도 고려해서 (x_1, y_1, z_1, t_1), (x_2, y_2, z_2, t_2) 등으로 나타내는 방식으로 바꿔야 했다. 이것은 많은 시간을 문제로 삼기 때문에 다시간이론이라 불리며

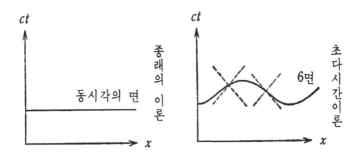

〈그림 60〉 초다시간이론에서의 기술 방식

영국의 물리학자 디랙 등에 의해 연구되었다.

소립자라 해도 역학에서 말하는 알맹이와는 상당히 성격이 다르다. 광자라 해도 일면 파처럼 행동하는 것과 마찬가지이며 소립자도 공간의 특수한 상태이다. 이런 의미에서 소립자론은 그대로 공간의 연구에 연결된다. 소립자는 질점계(質點系)가 아니고 연속체처럼 생각해야 한다.

그래서 몇 개인가의 입자에 각각 다른 시각을 할당한 것처럼 연속적인 공간의 장소에 다른 시각을 해당시켜 간다. 즉, 양자역학의 기초가 되는 식을 민코프스키 공간에서 시간축에 수직인 단면이 아니고 휜 단면으로 정의한다(그림 60). 여기서는 연속적인 많은 시각을 쓰게 되므로 이것을 초다시간이론이라 한다.

도모나가 박사의 이 이론은 결국 장(소립자가 존재하고 있는 공간)의 이론을 상대론과 결부시킨 형태로 정리한 것이다. 시공간 중의 휜 공간 안에서 소립자의 상호작용이 행해지고 있는데, 이 공간을 σ(시그마)면이라 한다. 단, σ면 안의 점은 서로 공간적인 영역에 있어야 한다.

이렇게 방정식의 형태를 시간축 방향의 깊이도 허용하여 일반화한다. 이것을 기초로 하여 소립자론의 연구는 여러 가지 무한대의 양을 교묘히 정돈한 이른바 재규격화이론(再規格化理論)으로 발전해 간 것이다.

7장
비유클리드 공간

질량이란 무엇인가?

여기에 하나의 쇳덩어리가 있다. 이 쇳덩어리는 여러 가지 물리적 성질을 가지고 있다. 부피, 경도, 광택, 전기나 열의 전도도, 온도가 올라가기 어려움(이것을 열용량이라 한다), 자석이 되기 쉬움 등 모두 고체론을 연구하는 데 중요한 성질이다.

이 밖에 가장 기본적인 성질이 질량이다. 질량은 이것이 힘으로 밀려도 여간해서는 움직이려 하지 않는(정확히 말하면 가속되지 않으려고 하는) 타성적인 성질로 정의된다. 물리학 교과서를 봐도 질량이란 먼저 이런 형식으로 소개되고 있다.

그런데 질량이라는 성질은 교과서를 순서적으로 살펴보면 전혀 다른 형식으로 다시 등장한다.

여기에 쇳덩어리가 있고 그 부근에 다른 질량(예를 들면 지구)이 있으면 그 사이에 인력이 작용한다는 것이다. 뉴턴은 이것을 만유인력이라 하고, 그 힘이 일어나는 원인을 타성으로서의 질량으로 구했다. 그러나 이것은 증명을 필요로 하는 내용이다. 가속되기 어려운 것과 서로 끌리는 원인이 그대로 같다고는 할 수 없기 때문이다.

기차를 타고 있다고 하자. 기차가 갑자기 움직였다. 이때 기차 안의 물체는 뒤로 끌린다. 불안정한 것이라면 뒤로 넘어질지 모른다. 이때 물체에 작용하는 힘을 조사해 보면 질량에 비례한다. 움직이지 않으려고 버티는 것일수록 기차의 뒤쪽으로 세게 끌린다. 이것은 타성적인 성질로 정의되는 질량이다.

한편 기차 뒤에 가령 아주 큰 질량의 덩어리가 있었다고 하자. 기차를 지면에 대해 상하 방향으로 세웠다고 생각한다. 이때도 기차 안의 물체는 뒤로(실은 아래로) 끌린다. 이때는 서로 끌리

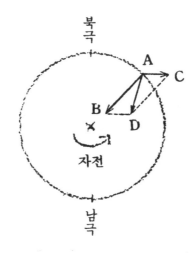

〈그림 61〉 중력질량과 관성질량의 합성

는 성질로 정의되는 질량을 측정할 수 있다. 그러나 어쩐지 관성의 성질이 큰 것일수록 서로 끌 때도 뒤로 세게 끌리는 것 같다. 타성으로서의 질량을 관성질량, 만유인력의 원인이 되는 것의 양을 중력질량이라고 하는데, 과연 이 두 가지는 같은 것일까?

이것을 검증하기 위해서는 지구상의 물체에 작용하는 힘의 방향을 측정하면 된다. 지구 표면에 있는 물체는 만유인력에 의해 지구 중심(重心)의 방향으로 끌리고 또 원심력에 의해 지축과 반대 방향으로 끌린다. 이 만유인력은 중력질량 때문에 생기고 원심력은 관성질량이 있기 때문에 생긴다.

〈그림 61〉과 같이 지구상의 A점에 물체를 놓았을 때 만유인력 $\overrightarrow{AB}$ 와 원심력 $\overrightarrow{AC}$ 가 항상 비례하는 것이라면 어떤 물체

를 놓아도 합력(合力)의 방향은 $\overrightarrow{AD}$ 가 될 것이다. 이에 반하여 두 물체의 관성질량은 같지만 중력질량이 다르다면 이 둘을 실에 매달았을 때 실의 방향이 다소나마 달라질 것이다. 이에 대해 외트뵈시는 정밀한 실험을 하여 10^{-8}이라는 정밀도로 둘의 비례관계가 성립하는 것을 실증하였다.

이 정도로 정확한 측정이라면 둘은 비례한다고 생각해도 될 것이다. 물체는 관성질량이라는 성질을 가지는데, 이와는 달리 중력질량이라는 새로운 성질도 갖는다고 생각할 이유가 없게 된다.

중력장의 발상

엘리베이터를 탔더니 갑자기 자기 몸무게가 없어져 버렸다. 대체 무슨 일이 일어났을까? 이론상으로는 다음 두 가지 경우를 생각할 수 있다.

① 밧줄이 끊어져 엘리베이터가 중력의 가속도 $g(=980 \mathrm{cm/s}^2)$로 낙하하기 시작하였다.

② 지구가 갑자기 없어져 버렸다.

②는 엉뚱한 생각이지만 만일 지구가 없어지면 만유인력의 상대가 없어지므로 어쨌든 몸은 엘리베이터 안에서 공중에 뜬다. 문제는 이 둘 중 어느 원인으로 무게가 없어졌는지를 구별할 수 있는가에 있다. ①이든 ②든 똑같이 몸은 뜰 것이다.

마찬가지로 엘리베이터 안에서 몸무게가 갑자기 느는 데에도 두 가지 원인이 있다. 엘리베이터가 위로 가속(시시각각 속력은 늘어난다)하기 시작한 경우와 지구의 질량이 갑자기 증대한 경우이다. 엘리베이터가 위로 가속될 때는 관성질량에 비례하여 몸무게가 늘어난다. 지구가 커질 때는 중력질량에 비례하여 몸이 무거워진다. 그런데 이 두 질량을 구별할 수 없으므로 자신이 무거워진 원인을 밝힐 수 없다. 구별할 근거가 없는 것을 구별하는 것은 자연과학의 바르지 못한 길이다.

이렇게 추론하면 가속계와 중력계를 동등하게 취급해야 한다. 왜냐하면 자연과학은 될 수 있는 대로 통일적인 입장에서 해석하는 것이 바람직하기 때문이다.

그러나 로켓이 가속하고 있는지, 그렇지 않으면 큰 질량 근처에 있는지는 창을 열고 밖을 보면 되지 않는가 하고 생각할지도 모른다. 창에서 보이는 지구가 급속히 멀어져 가면 확실히 로켓은 가속되고 있다. 그러나 이때 왜 지구를 기준으로 잡아야 하는가? 다른 것을 기준으로 하면 가속의 크기가 달라지지 않을까?

아인슈타인은 1916년에 일반상대성이론을 발표하였는데, 그 기본이 되는 것은 만유인력도, 관성 효과에 의한 힘도 모두 중력장으로 설명하려는 것이었다.

「장」이란 특수한 상태에 있는 공간을 말한다. 거기에 전하를 가져오면 여기에 힘이 작용하는 공간은 전기장, 자기량을 가져오면 거기에 힘이 작용하는 공간은 자기장, 질량을 가져오면 거기에 힘이 작용하는 공간은 중력장이다. 지구의 표면은 중력장이기도 하며 자기장이기도 하다.

아인슈타인은 전자기력, 인력, 관성력 등 물체에 힘이 작용하는 현상을 모두 공간의 상태 때문이라고 하였다. 만유인력에 대해서는 그것이 생기는 원인이 되는 질량이 어디엔가 있다고 생각되지만 관성력에 대해서는 힘의 원인이 되는 원천이 아무데도 없다. 그래서 아인슈타인은 둘을 통일적으로 논의하기 위해 힘에 원천이 되는 것을 생각한다는 방식을 부정하였다.

지상의 물체에는 아래로 향한 힘이 작용한다. 이 현상을 지구가 물체에 힘을 미치고 있기 때문이라고 생각하지 않고 지구 주위의 공간이 변화하고 있기 때문이라고 생각하는 것이다. 지구나 태양 부근에서는 시공간이 일그러졌다고 해석한다.

지상의 물체에는 질량 m에 비례하는 mg의 힘이 작용하는 것이 잘 알려져 있다. 이것이 자유 낙하할 때는 시시각각 g의 가속이 덧붙는다. 그러나 일반상대론에 의하면 거의 $980\,\mathrm{cm/s^2}$의 값을 갖는 중력가속도 g야말로 지구 주위 시공간의 성질에서 나오는 값이므로 지구 자체가 미치는 힘은 아니다. 지구 주위에 먼저 g라는 중력장이 존재하고 이것이 질량 m의 물체와 서로 작용하여 mg라는 힘이 출현한다.

중력장의 실증

아인슈타인의 중력장이론과 뉴턴의 운동법칙을 비교해 보면 해석 방법의 차이뿐이지 않은가 하고 반론할지도 모른다. 더욱이 시공간이 태양 부근에서 일그러졌다고 해도 이것은 수학적으로 편리한 형식에 지나지 않으며 머릿속에서 만들어진 산물 이상의 것은 아니라고 타박할지 모른다.

뉴턴은 시간과 공간을 각각 절대적인 것이라 하여 그중에서 뉴턴 방정식에 따른 운동만이 진짜 모습이라고 했다. 이에 비해 아인슈타인은 물체의 운동이 행해지기 위해 필요한 환경으로서 시공간을 생각하고, 시공간을 물체의 운동과 불가분으로 결부된 연속적인 물리량이라고 하였다. 우주공간에 천체가 있거나 그것이 운동하고 있으며 그 때문에 시공간 연속체가 변형해 간다는 것이다.

태양의 주위를 도는 행성의 운동에 대해 생각해 보자. 형성은 타원운동을 하고 있으므로 당연히 가속계이다.

뉴턴의 이론에 의하면 행성의 운동은 초기조건(처음에 가지고 있던 속도와 처음 위치)과 순간순간에 작용하는 힘을 알면 결정된다. 그런데 중력장이론에 의하면 주목하는 행성에 작용하는 중력장은 그 행성부터 태양, 그 밖의 행성에 이르기까지 거리에 관계되는 것 외에 그들의 속도에도 관계한다. 더욱이 어떤 시각 t인 때에 작용하는 중력장은 태양이나 다른 행성의 과거의 시간 $t'=t-r_i/c$에 의존하게 된다(r_i는 주목하는 행성부터 다른 천체까지의 거리). 왜냐하면 중력장의 작용도 일종의 신호이며 이러한 신호는 광속도로 전해 오기 때문이다.

이상과 같은 것을 고려하여 아인슈타인의 식을 풀면 뉴턴의 식과 약간의 차이가 생긴다. 행성 가운데서도 태양에 가깝고(공전 궤도의 반지름이 작으면 케플러의 법칙에 의해 각속도가 커진다) 또한 비교적 편평한 타원 궤도를 도는 수성에서 그 차를 인정할 수 있다. 수성의 근일점(태양에 가장 가까이 가는 점)은 한 세기에 43초만큼 이동하고 있으나 이것은 일반상대론에 따라 비로소 증명된 사실이다.

빛은 왜 휘는가?

특수상대론에 의하면 빛은 같은 속도로 방향을 바꾸지 않고 나아간다. 이것은 관측자가 정지하고 있거나 또는 등속도운동

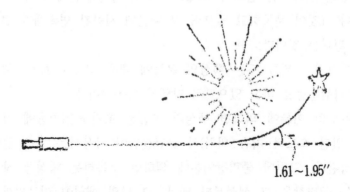

1.61~1.95″

〈그림 62〉 태양의 질량에 의한 빛의 휘어짐

을 하고 있을 때이다. 그런데 관측자가 가속운동을 하면 사정이 달라진다.

로켓의 창으로 들어온 빛은 로켓이 등속도라면 로켓 안을 곧바로 가로지른다. 그러나 만일 로켓의 속도가 점점 더 빨라지고 있다면 빛은 로켓의 후방으로 꺾일 것이다.

가속계와 중력계가 같다는 것은 앞에서 얘기했다. 설사 빛일지라도 예외는 아니다. 따라서 로켓의 후방에 큰 질량이 있는 경우라도 빛은 후방으로 휘어져야 한다. 어떤 경우라도 로켓 안의 물체는 모두 뒤로 밀리는데 빛도 예외가 아니다. 로켓 안에는 중력장이 생기고 그 「장」 때문에 모든 물질(에너지의 덩어리라고 생각하는 것이 좋다)은 뒤로 밀린다. 즉, 로켓 안의 공간이 일그러진 것이다.

이것은 단순한 상상이 아니다. 사실 지구의 30만 배 이상의 질량을 갖는 태양 부근을 빛이 가로지를 때 어떻게 되는지가 관찰되었다.

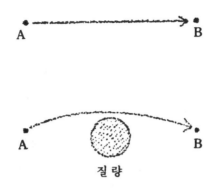

〈그림 63〉 AB 간의 거리를 잰다

영국의 천문학자 아서 스탠리 에딩턴은 태양의 개기식(皆旣食)을 이용하여 별에서 나온 빛이 휘는 것을 관측하려고 하였다. 그는 1차 세계대전 직후인 1919년에 탐험대를 편성하여 아프리카에 건너가 중력에 의한 빛의 휘어짐을 검증하였다. 단지 이것은 상당히 어려운 실험이었으며 이에 따른 오차도 컸지만, 그 후 몇 번인가의 측정으로 각도로 1.61초에서 1.95초까지의 범위로 휘는 것이 인정되었다.

여기서 빛이 휜다는 것은 어떻게 되는 것인지 다시 생각해보자.

〈그림 63〉에서 A점과 B점의 거리를 재는 데는 자를 이용하면 된다. 두 점이 많이 떨어진 경우에는 속도의 값이 알려진 물체가 A점에서 B점에 도달한 소요시간으로 거리를 알 수 있다. 그러기 위해서는 빛을 쓰는 것이 현명하다.

가령 공간에 중력이 없다고 하면 빛은 A점에서 B점으로 곧게 뻗어 나간다. 이때 공간은 물론 유클리드적이다. 그리고 현실적

인 우주에는 수많은 천체가 떠 있고 AB 간에는 중력의 존재가
예상된다. 그래서 빛은 천문학자가 측정한 것같이 휘어 나가게
된다. 즉, A점에서 B점까지 빛의 소요시간은 중력에 좌우된다.
이때 중력의 영향을 정확하게 계산하여 소요시간을 보정해 주
면 AB 간의 거리를 구할 수 있다. 실은 이러한 입장에서 공간
을 생각했을 때, 즉 빛 쪽이 본의 아니게 휘어진다고 했을 때
우리는 아직 공간을 유클리드적으로 보고 있는 것이다.

그러나 앞에서 얘기한 것같이 우리가 자연계를 관측하는 가
장 기본적인 수단은 빛이다. 먼저 빛이 있고 이에 존속하여 공
간과 시간이 형성된다고 하면 빛에 작용하는 중력의 영향도 제
외하고, 시간의 보정 등도 배제해야 하는 것이 아닐까? 물론 이
런 경우의 공간은 비유클리드적이게 된다. 공간의 유클리드성을
희생하더라도 빛의 본질만은 상하지 않게 하려는 것이다.

천체가 운동하고 있고, 중력에 의한 속도의 지연을 정확하게
고려하는 경우에는 이런 사정이 더욱 강조되어야 한다. 또 AB
간을 달리는 것이 빛이 아니고 보통 물체라도 중력에 의해 받
는 영향은 마찬가지이다. 그것은 비유클리드 공간을 생각하면
(정확히는 비유클리드 시공간) 모든 것이 보정 없이 연구될 수
있다는 것이다. 이 비유클리드 공간이야말로 현세의 모습이라
는 것이 아인슈타인의 주장이다. 그러므로 가령 곧게 발사된
빛이 돌고 돌아 자기 뒤로 오는 일이 있다면 그때는 우주공간
이 비유클리드적으로 둥글다고 해석한다.

중력은 왜 시간을 지연시키는가?

빛은 태양이라는 큰 질량 때문에 휘어지는 것을 알았다. 이

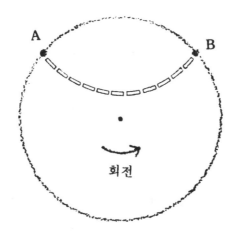

〈그림 64〉 회전원판 위에서 AB 간의 최단거리

것은 태양 부근의 공간이 휘어 있기 때문이라고 해석한다. 비슷한 예로 실내의 장식에 대하여 생각해 보자. 기차 안의 빛을 든 예와 마찬가지로 실제로는 측정 불가능하지만, 예컨대 빛의 속도가 극히 늦다고 하는 가정에서 한 이야기라고 생각해 보라.

극장의 회전무대처럼 원형의 마루가 있고 이것이 중심축 주위를 회전한다고 하자. 마루 위 사람은 원심력에 의해 마루의 가장자리(원주를 마루의 가장자리라고 부르기로 한다) 방향으로 끌린다. 이것은 중심에 큰 질량이 있는 경우와 작용하는 힘의 방향이 반대가 된다. 방향은 반대이지만 중력도 관성력(이때의 원심력)도 힘인 것에는 변함이 없다.

이 회전하는 마루 위에 1개의 막대가 있다. 이 막대를 회전하고 있는 방향(반지름과 직각 방향)으로 놓는다. 원판 밖에서 보고 있는 사람에게는 중심 가까이 놓인 막대는 길고, 가장자리 쪽으로 감에 따라 짧아진다. 왜냐하면 중심에서 멀수록 회전 속도가 크므로 그만큼 로런츠 수축을 크게 받기 때문이다.

원판 위에 같은 길이의 막대가 많이 있다고 하자. 그리고 원판의 가장자리에 지정된 두 점 A와 B를 이 막대들을 나란히 놓아 이어 간다고 생각해 본다. 단, 될 수 있는 대로 적은 수의 막대로 잇고 싶다. 어떻게 하면 될까? 1개의 막대를 A점에, 또 다른 1개를 B점에 접촉시키면 되는 것은 틀림없다. 그런데 A와 B의 사이는 어떻게 하면 될까?

막대는 될 수 있는 대로 원판의 중앙부에 모는 편이 좋다. 마루의 중앙부에서는 1개의 막대의 길이가 길어지므로 그만큼 수가 적어도 되기 때문이다. 여러 가지로 시험해 보면 A와 B의 한가운데 부근에서 마루의 중앙 부근으로 활처럼 휜 모양으로 막대를 놓는 것이 좋다. 이것이 가장 경제적인 방법이다. 즉, AB 간의 최단거리란 회전의 중심 방향으로 휜 곡선이다.

빛은 광학적 최단거리를 지나간다는 성질이 있다. 그래서 AB 사이를 진행하는 빛의 길도 그림의 막대처럼 휜다. 태양 근처에서는 태양의 중심으로 향하는 큰 중력 때문에 빛이 바깥쪽으로 휘었으나 이번에는 바깥으로 향하는 원심력 때문에 안으로 휜다. 그리고 이 곡선들은 실제로 두 점을 잇는 최단거리이므로 이것을 비유클리드 공간에서의 직선이라고 생각한다.

이것들을 직선이라고 간주하고 그 밖에 2개의 직선을 설정해 주면 태양을 둘러싸는 삼각형의 내각의 합은 2직각보다도 크고, 회전원판 위에 만들어진 삼각형의 내각의 합은 2직각보다 작다는 것을 알 수 있다.

회전원판의 중심에 시계 하나가 있고 가장자리 근처에 다른

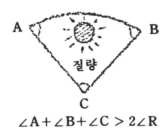

$$\angle A + \angle B + \angle C > 2\angle R$$

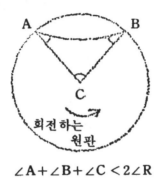

$$\angle A + \angle B + \angle C < 2\angle R$$

〈그림 65〉 삼각형 2개의 내각의 합

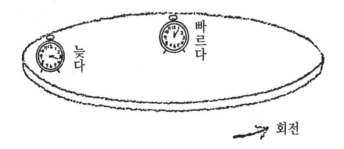

〈그림 66〉 회전원판 위의 두 시계

시계 하나가 있다고 하자. 이때도 중심과 가장자리는 사정이 다르다. 가장자리에 가까울수록 로런츠(시간적인) 수축을 받고 시간이 늦게 간다. 관성력이 커도, 큰 중력이 작용해도 마찬가지로 시간의 경과는 늦다.

원판 위 막대의 수축은 상상 속의 실험에 지나지 않지만 시간의 지연은 실제로 실험되었다. 1958년 독일의 물리학자 뫼스바워는 방사성을 가진 결정 내의 원자핵을 이용함으로써 아주 정확하게 시각을 새기는 원자시계를 만들어 냈다. 질량수 57의 철에서 나오는 r선의 진동수는 매초 3×10^{18} 정도인데 이것을 원자시계로 사용하면 10^{-11} 정도의 시간 편차도 알아낼 수 있다고 한다. 이렇게 하여 회전원판의 가장자리와 중심의 시간 경과 차는 실제로 인정되었다.

지구상에서 중력의 가속도는 g인데, 실은 g의 값은 일정하지 않다. 상공에 올라가면 지구의 중심에서 멀어지기 때문에 중력의 크기는 줄어들 것이다.

높이 20m의 탑 위와 아래에서 원자시계의 시간이 틀리는지를 실험하였다. 실제로는 탑 위에서 r선을 지상으로 방사하여 지상의 장치와 비교하였는데, 시간의 차가 분명히 인정되었다.

천체를 이용한 시간의 차는 더 일찍부터 조사되었다. 시리우스의 반성(伴星)은 대단히 질량이 크고 그 표면은 큰 중력장이 되어 있다. 이 때문에 원자의 진동이 지구상의 것과 비교하면 늦다. 따라서 여기서 오는 빛은 진동수가 작아진다. 바꿔 말하면 파장이 길어진다.

실제로 관측해 보면 빛은 근소하게 빨강 쪽(파장이 긴 쪽)에 기울어져 있다. 이 현상은 적색편이라고 하며 일반상대성이론이 옳다는 증거가 되었다.

시계의 패러독스

서로 등속도로 달리고 있는 체계 사이에서는 상대방의 시간의 경과가 자기의 그것보다 늦게 보인다. 그러나 이것은 패러독스가 될 수 없다. 어떤 순간에 둘이 같은 위치에 있다고 해도 등속도라는 것은 방향도 변화하지 않는다는 것이므로 그대로 고속도로 갈라져 버린다. 서로 자기가 늙어 가는 것을 한탄하고 상대방이 젊은 것을 부러워하지만 둘은 다시 만나지 못한다. 어느 편이 진짜로 젊은지를 비교할 방도가 없다. 서로 지나치는 기차가 각각 상대편이 빠르다고 생각하는 것과 비슷하다.

그런데 가속계가 되면 사정이 까다롭게 된다. 둘이 다시 만나는 것이 가능하기 때문이다. 이른바 시계의 패러독스(때로는 쌍둥이의 패러독스라고도 한다)라는 문제가 생긴다. 공간의 차원, 공간이 휘어진 이야기와는 다소 빗나가지만 같은 일반상대론의 문제로서 시계의 패러독스를 생각해 보자.

40살 된 과학자가 18살의 소녀를 사랑하였다. 그때까지도 독신인 그는 결혼을 하고 싶었으나 나이 차이 때문에 청혼을 주저했다. 그래서 그는 여행을 떠났다. 아주 고성능인 로켓을 타고 우주여행을 떠났다. 단순히 감상에 젖은 여행이 아니었다. 그에게는 충분히 일이 이루어질 가능성이 있었다.

로켓은 굉장한 분사력을 가졌기 때문에 곧 광속 99%의 속도에 도달하여 그대로 등속도로 날아갔다.

그런 초속도의 로켓이 있을 수 있는지는 지금 말하지 않기로 한다. 기술적으로는 아주 어렵지만 이론상으로는 광속도 이하

늘그막의 사랑을 위해

라면 가능하다 해도 상관없다. 또 인간의 생리가 그런 큰 가속에 견딜지도 문제 밖이다. 우리는 여기에서 물리학적인 가능성만을 추구한다.

이윽고 지구에서 10광년 떨어진 별 근처에 이르자 로켓을 갑자기 U자형으로 돌려 다시 광속도의 99% 속도로 지구로 되돌아와서 지구의 바로 위에서 급브레이크를 걸고 착륙한다. 여기서 과학자와 예전의 소녀가 재회하게 되는데, 둘의 나이는 어떻게 되어 있을까?

과학자의 우주여행에 대해서는 두 가지 입장에서 생각해야 한다. 하나는 지구에 있는 여성(언제까지나 소녀가 아닌)의 입장, 또 하나는 로켓을 탄 과학자의 입장이다.

(1) **지구상의 여성의 입장** 출발 시의 로켓은 순간적으로 광속도의 99% 속도가 되었고, 도착 시에는 즉시 정지한다고 하자. 그녀가 보는 로켓은 언제나 등속도로 날고 있다.

그럼 로켓이 10광년의 별에 닿기까지는 그녀의 시계로 10÷0.99=10.1, 즉 10년과 36.5일이 걸린다. 로켓은 광속보다 조금 늦기 때문에 10년보다 한 달 남짓 더 걸린다. 회전은 순간적이었으므로 회전하는 사이에는 그녀의 시계는 거의 가지 않는다. 돌아올 때도 갈 때처럼 그녀의 시계로는 10년과 36.5일이 걸린다. 그러므로 로켓이 귀환했을 때 그녀의 시계로는 20년과 73일이 경과했다. 즉, 18살의 그녀는 38살이 되어 로켓을 마중 나간다.

그러면 그녀가 본 과학자는 어떻게 되어 있을까? 빨리 날고 있는 상대방의 시간의 경과는 늦다. 즉, 그녀가 본 과학자의 시

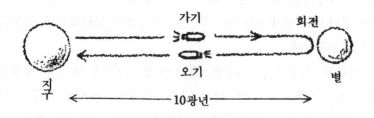

<그림 67> 우주 로켓의 행정

계는 아주 천천히 간다. 가는 길도 오는 길도 광속의 99%이므로 그녀의 시계에 비해

$$\sqrt{1 - (\mu/c)^2} = \sqrt{1 - (0.99)^2} = \sqrt{0.02} = 0.141$$

로서 로켓 안의 시계는 14%밖에 가지 않는다. 로켓이 귀환할 때까지 그녀는 20.2살 나이를 먹지만 과학자는 20.2×0.141 =2.85로 2.85살밖에 나이를 먹지 않는다. 40살의 과학자는 42.85살, 거의 43살이다. 이리하여 과학자와 여성의 나이 차는 5년으로 줄었다. 이것이 우주여행의 결론이다.

　그러나 우리는 이것으로 만족할 수 없다. 어쩐지 속은 것 같다. 이번에는 지구에 남은 여성의 입장에서만 생각하였다. 그렇다면 로켓 안에서 이 여행을 생각하면 어떻게 될까?

　⑵ 로켓 안의 과학자의 입장　먼저 로켓 안의 과학자가 본 자기 시계와 그가 본 지구상의 시계를 생각해야 한다.

　그의 입장에서 보면 지구와 별의 거리는 결코 10광년이 아니다. 지구와 별은 그(로켓)에게는 대단한 속도로 달리고 있으므로 로런츠 수축에 의해 거리가 수축한다. 수축하는 정도는

$\sqrt{1-(0.99)^2}$=0.141이므로 지구와 별의 거리는 1.41광년, 왕복 2.82광년이다. 이것을 광속의 99%로 달리면 2.82÷0.99=2.85, 즉 2.85년이다. 출발에서 귀환까지 그가 자기 시계를 보고 있으면 2.85년 경과한다. 즉 40살의 그는 43살쯤에 귀환하게 되어 이것은 지구상의 사람이 관측한 그의 나이와 꼭 일치한다.

어디서 대칭성이 깨지는가?

여기까지는 이야기가 술술 풀린다. 그러나 다음이 문제이다. 로켓 안의 사람이 본 지구의 시계가 어떻게 되는지가 모순의 실마리가 된다.

지구는 로켓에 대해 달리고 있다. 그러므로 지구의 시계는 과학자가 보면 과학자 자신의 시계에 비해 $\sqrt{1-(0.99)^2}$=0.141의 속도로(즉 1.4%라는 저속도로) 움직인다. 과학자의 시계는 자기가 보아 왕복으로 2.85년이므로 그동안 과학자가 본 지구의 시계는 2.85×0.141=0.4, 즉 0.4년밖에 가지 않는다. 그러므로 귀환 시 지구의 여성은 역시 18살쯤인 것일까? 그렇게 생각하면 안 된다. 이러면 아주 모순된다.

어디가 잘못되었는가? 아인슈타인의 일반상대론에 의하면 로켓이 U자형으로 돌 때 과학자가 본 지구상의 시계는 상당히 시간이 경과한다. 식으로 쓰면 과학자가 가는 길과 오는 길에 경과하는 시간(이것은 과학자 자신의 눈에도, 지구상의 사람이 보아도 2.85년이다)에

〈표 7-1〉 우주여행의 시간 경과 (단위: 년)

		가는 길	U턴	오는 길	계
지구에서 본	지구의 시계	10.1	0	10.1	20.8
	로켓의 시계	1.4	0	1.4	2.8
로켓에서 본	로켓의 시계	1.4	0	1.4	2.8
	지구의 시계	0.2	19.8	0.2	20.2

$$\frac{(u/c)^2}{\sqrt{1 - (u/c)^2}} = \frac{(0.99)^2}{\sqrt{1 - (0.99)^3}} = 6.95$$

를 곱한 것이 된다. 로켓이 U자로 도는 사이에는 과학자의 시계는 거의 진행하지 않으나 지구상의 시계는 이 순간에 2.85×6.95=19.8, 즉 19.8년이나 경과한다. 그러므로 지구상의 사람이 나이를 먹는 것을 로켓 안의 사람이 보면 가는 길이 0.2년, U자로 돌 때 19.8년, 오는 길에 0.2년, 합계 20.2년이 되어 지구상의 사람이 자기 시계를 보는 경우와 꼭 일치한다.

이 이야기에서는 U자로 도는 것이 문제이며, 이 조각 사이에 로켓에서 본 지구상의 사람만이 나이를 많이 먹는다. 이것은 로켓이 가는 길에서 오는 길로 옮길 때 기준계를 심하게 바꿨기 때문에 생긴 현상이다. 이상 얘기한 것은 〈표 7-1〉로 보면 알기 쉽다.

베르그송의 반론

지구에 돌아온 로켓에서 나온 과학자는 43살인데 그를 마중나온 여성은 38살이 되어 있다. 여행 동안에 과학자는 3년밖에 살지 않았지만 여성 쪽은 20년의 인생 경험을 쌓았다. 기다림에 지쳐서라고도 하겠지만 여기서는 심리적인 것이 아니다. 출발이라는 사건과 도착이라는 사건의 시각의 간격이 과학자에게는 3년, 여성은 20년이었다. 여성이 자기를 기다려 달라고 요구한 과학자를 배반하지 않는다고 보증할 수는 없다. 승산이 있다고 한 과학자의 자신감은 뜻밖에 오산(誤算)이었을지 모른다. 그렇지 않아도 사랑은 갈대라고 하지 않았는가? 하물며 부당하게 시간을 분배한 상대이다. 긴 시간의 추이가 사람의 마음을 어떻게 변하게 하는가? 상대성원리를 이해하고 실험에 옮긴 사나이도 거기까지는 미처 몰랐을 것이다.

일반상대론을 인정하면 어쨌든 이런 이상한 일이 생긴다. 훨씬 더 먼 별까지 여행하고 돌아오면 지구상에서는 50년이나 100년 이상으로도 훨씬 시간이 경과할 것이라고 생각할 수 있다. 귀환한 여행자가 자기 아들이나 손자보다 젊을 수도 있다.

현실 문제는 제쳐 놓고 여기까지 와서도 우리에게는 아직 석연치 못한 데가 있지 않을까? 많은 사람은 왜 지구계와 로켓계의 시간이 불공평한지 생각할 것이다. 지구도 로켓도 우주에 떠있는 물체인 것에는 변함이 없다. 로켓이 왕복운동한 것이 아니고 로켓은 서 있고 지구가 왔다 갔다 했다고 하면 될 것이 아닌가? 지구인만이 일방적으로 나이를 먹을 이유는 없지 않은가?

이러한 반론은 아인슈타인이 일반상대론을 발표한 후 여기저기서 일어났다. 프랑스의 철학자 앙리 베르그송을 비롯한 많은 철학자는 가령 가속계라도 시간의 지속은 없다고 주장하였다. 영국의 물리학자 허버트 딩글도 시계의 패러독스를 인정하려 하지 않았다. 과학저술가 제임스 콜먼도 현대판 우주의 용궁에서 돌아온 이야기를 인정하지 않는 사람 중 하나였다.

이렇게 의견이 갈린 이상 승부는 실증에 의존할 수밖에 없다. 달나라로 가는 로켓이 개발된 오늘날이지만 우주여행이라는 큰 규모로 볼 때는 아직도 미숙하다. 그러나 다행히 뫼스바워 효과 같은 정밀성을 가진 시계가 나왔으므로 로켓 시간과 지구 시간을 비교할 수 있는 날도 멀지 않았을 것이다.

의견이 나눠졌다고 하였지만 현대판 용궁 이야기를 인정하는 학자 쪽이 많은 것은 부인할 수 없는 사실이다. 적색편이나 탑의 위아래에서의 시간 차가 인정되는 이상, 역시 로켓계 쪽이 나이를 먹지 않는 것이 사실인 것 같다. 특수상대론의 효과는 우주선에 의해 만들어지는 입자의 수명 등에서 볼 수 있다는 것이 벌써부터 알려졌다. 또는 방사성 원소에서 나오는 입자 등도 그 속도가 u라면 입자 자체의 시간 경과가 늦으므로 결국 수명이 $1/\sqrt{1-(\mu/c)^2}$ 의 비율로 늘어나게 된다.

예를 들면 거대한 가속기에서 만들어진 π중간자는 그 에너지가 10억 eV에 이른다. 속도는 광속의 99.5%나 된다. π중간자의 반감기는 1.77×10^{-8}초이므로 그 비적(飛跡)의 길이는 속도와 수명을 곱하면 5m쯤일 텐데 관측된 값은 50m 이상이나 된다. 이는 로런츠의 식에 의해 수명이 길어진 탓이며 상대성이론이 옳다는 것을 뒷받침한다.

아무튼 우리는 많은 학자가 주장하는 것같이 로켓계를 가속계, 지구를 타성계(가속하지 않는 체계)로 나누는 입장에서(즉, 우주의 용궁 이야기를 인정하는 입장에서) 이야기해 보자. 이때 문제가 되는 것은 왜 로켓 쪽이 지구와 달리 가속계가 되는가 하는 것이다.

이 질문에는 두 가지 답이 있다.

① 우주공간은 서로 등속도로 달리는 계에는 상대적이지만 가속 계끼리는 상대적이 아니다. 가속계는 타성계에 대하여 구별할 수 있다.

② 가속계끼리도 결국 상대적이다. 로켓 시간이 늦은 것은 로켓에 대해 항성이 가속도운동을 하고 있기 때문이다(상대적이므로 항성 쪽이 가속한다고 생각해도 마찬가지이다).

이 두 가지 답의 어느 쪽이 맞는지는 중요한 문제인데, 솔직히 말해 아직 모른다. 상대론의 초기에는 ①을 지지하는 학자가 많았던 것 같다. 가령 우주에 지구 하나밖에 없다고 해도 그것이 정지해 있는지, 회전하고 있는지(회전은 가속도운동이다)를 구별할 수 있다는 것이 ①이다.

이에 비하여 등속도끼리의 절대운동을 부정한 것처럼 가속도의 절대성도 부정하는 것이 ②이다. ②에 의하면 우주에 지구만이 존재한다면 회전하고 있는지, 아닌지는 무의미하다. 그리고 ②의 입장을 과학적인 이론으로 강하게 주장한 것이 오스트리아의 물리학자 에른스트 마흐이다.

우주에 A와 B라는 2개의 로켓밖에 없다고 하자. A가 분사하여 먼 데까지 갔다가 돌아왔다. ①에 의하면 갔다 온 것은 A이며 A 쪽이 나이를 적게 먹었다. ②에 의하면 A가 왕복하였다고도 B가 왕복하였다고도 단정할 수 없다. 같이 나이를 먹는다.

그렇다고 해서 마흐와 같은 입장인 ②에서 우주의 용궁 이야기를 인정하지 않는 것은 아니다. 우주에는 지구와 로켓뿐만 아니라 막대한 수의 항성이 존재하고 있기 때문이다. ②의 입장에서 우주의 용궁 이야기를 설명하면 로켓은 정지해 있고, 지구 및 항성 전체가 맹렬한 속도로 달린다. 어느 시기에 항성

전체가 회전한다. 그리고 지구는 항성과 평행으로 움직여 로켓으로 돌아온다. 이 항성의 회전 때문에 로켓은 나이를 먹지 않지만 지구(및 항성)에서는 나이를 먹는다.

더 흔한 예로 생각해 보자. 물을 담은 물통을 돌린다. 잠시후 수면의 중앙부는 오므라든다. ①의 해석에 의하면 물통이 공간에 대하여 회전하므로 물이 오므라든다. 마흐식의 ②로 해석하면 항성이 돌기 때문에 수면에 차가 생긴다. 이때 달이나 태양으로부터의 작용은 거의 문제가 되지 않는다(동쪽이 밀물이고 서쪽이 썰물이라면 수면은 약간의 차가 생기겠지만 그것은 무시해도 된다). 물통의 수면이 그런 모양(포물면)을 하게 하는 것은 아주 멀고 먼 항성의 관성력이다. 계산에 의하면 물통의 수면을 기울게 하는 힘의 80% 정도는 망원경으로도 보이지 않는 아주 먼 별 탓이다. 마흐식의 생각은 아주 먼 별이 물통의 수면을 포물선으로 만든다는 것이다.

①과 ② 중에 어느 쪽이 맞는지를 아직 우리는 모른다. 가령 항성을 전부 없앨 수 있다면 옳고 그른 것이 밝혀질 것이다. 물통을 돌렸을 때 만일 ①이 옳다면 수면은 포물면이 되고, ②가 옳다면 수평면인 그대로일 것이다.

그런데 우주는 하나밖에 없다. 다른 모델로 검증해 볼 수가 없다. 여기에 우주에 대한 이론의 어려움이 있다.

검출된 중력파?

양의 전기를 띤 구와 음의 전기를 띤 구를 가까이 하면 심한 불꽃이 튀고 전기가 흐른다. 이때 공기 중에 순간적으로 전파가 나간다. 또 철사 속을 교류전파가 빨리 흐를 때도 철사에서 공중으로 전파(정확하게는 전자기파)가 나간다. 종이를 태울 때는 종이에서 빛이 나온다. 빛도 전파도 본질적으로는 같은 것이다. 다른 점은 빛은 전파보다 파장이 짧다는 것 정도이다.

천공에 거대한 별이 출현하였다고 하자. 또는 별이 꺼졌다고 해도 된다. 특수상대론에 의하면 에너지가 질량으로, 또는 질량이 에너지로 변한 것이다.

자연과학에서는 자연계의 현상을 될 수 있는 대로 통일적인 입장에서 보려고 한다. 전기가 심하게 가속될 때 거기에서 전파가 나간다면, 질량에 갑작스런 변화가 일어난 경우에는 거기에서 중력의 원인이 되는 것이 나간다고 생각하는 것이 자연스럽다. 이것을 중력파(重力波)라고 부르는데, 1916년에 아인슈타인이 일반상대론 중에서 예언하였다. 중력파도 신호의 일종이므로 전달 속도는 광속도와 같아야 한다.

공간이 어떤 특수한 상태에 있을 때 거기에 알맹이가 존재한다고 가정하여 이론을 진행시켜도 아무런 지장이 없다. 전파나 광파의 경우에는 광자라는 알맹이가 나간다고 생각한다. 중력파에서는 중력자(重力子)가 나간다고 한다. 중력자는 광자와 달리 지구 속까지도 마구 꿰뚫고 나간다.

이론은 이렇지만 지금까지 아무도 중력자를 본 사람은 없다. 중력파의 존재를 실험 기구를 통해 관측한 학자도 없다. 왜냐하면 중력자가 갖는 에너지는 너무도 작기 때문이다. 이것은 전파처럼 라디오 수신기로 간단히 확인되는 정도의 것이 아니다.

그런데 최근 미국의 메릴랜드대학 천체물리학 부교수 조지프 웨버가 이 중력파를 측정하였다고 한다. 그는 지름 61~96㎝, 길이 153㎝의 알루미늄 원통을 메릴랜드대학에 3개, 거기에서

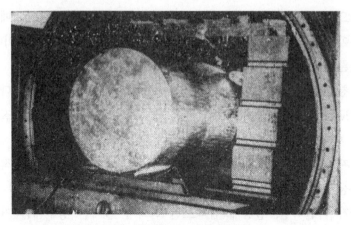

〈그림 68〉 웨버의 중력검출장치

1,000㎞쯤 떨어진 일리노이주 아고뉴 국립연구소에 1개 설치하였는데 이들이 동시에 40조 분의 1㎝쯤 신축하였다는 것이다. 장치는 아주 정밀해서 지진, 전파, 우주선 등에도 영향을 받지 않게 되어 있었다고 한다.

중력을 공간을 전파하는 파동으로서 잡을 수 있었다는 것은 물리학사상 특기할 만한 일이다. 마치 1888년 헤르츠가 처음으로 전파의 존재를 기계로 잡았을 때와 같다고 생각해도 된다.

이 중력파가 어디서 왔는지 아직 밝혀지지 않았다. 아마 초신성(超新星)의 폭발로 생긴 것이 뭉쳐 몰려온 것일지 모른다. 아주 심한 중력파가 아니면 여간해서는 관측되지 않는다. 전기를 띤 구와 구 사이의 전기적 인력이나 반발력은 쉽게 측정되지만 쇠구슬과 쇠구슬 사이의 만유인력을 재는 것은 아주 어려운 만큼, 중력파의 측정이 전파에 비해 훨씬 어렵다는 것이 상상된다.

만약 웨버의 측정이 맞다면 일반상대론은 그만큼 강력하게 입증된 것이 된다. 중력파와 질량의 상호작용으로 힘이 생겨 공간이 휜 것도 입증이 된다.

알쏭달쏭한 우주의 구조

천체 부근에서는 공간이 휘었다는 것이 밝혀졌다. 이 천체들의 모임이 우주이다. 아인슈타인이 제창한 우주 모델은 질량에 의해 휘어진 것이 쌓이고 쌓여 전체적으로 플러스의 곡률로 닫혔다는 것이다. 차원을 하나 낮춰 구면을 상상하는 것도 좋다. 우주공간은 유한하지만 끝이 없다. 리만 기하학이 성립하는 공간이다.

그의 모델에서 시간축은 무한한 과거로부터 무한한 미래로 뻗는 직선좌표로 되어 있다. 굳이 말한다면 4차원 초원기둥이다. 이 모델에 따르면 우주의 크기는 유한하지만 끝도 한가운데도 없다. 자기가 서 있는 곳이 항상 우주의 중앙이라고 해도 된다.

그 후 많은 사람에 의하여 갖가지 우주 모델이 제안되었다. 네덜란드의 천문학자 시터르가 제안한 모델에서는 시간축도 휘어 있었다. 먼 미래는 아득한 과거와 같아진다. 1920년경에는 이런 정적(靜的) 모델을 믿었다.

그런데 일반상대론이 세상에 나온 후 얼마 안 되어 별에서 오는 빛의 도플러 효과에 의해 우주는 팽창하고 있다는 것이 확인되었다. 아인슈타인의 이론은 여러 군데서 수정이 불가피하였다. 우주공간이 비유클리드적인 것은 분명하지만 반드시 플러스의 곡률이라고 할 수 없게 되었다. 오히려 마이너스의 곡률을 지지하는 의견이 강한 것 같다.

우주공간의 곡률이 플러스인지 마이너스인지는 반지름의 함수로서의 부피를 구하면 된다. 넓은 공간을 바라보면 별의 밀도는 거의 고르기 때문에 지구로부터의 반지름을 2배, 3배……하였을 때 별의 수가 8배, 27배……보다 많은지 적은지를 관측하면 된다. 그러나 현재의 천문학 기술로는 이 결과를 아직 모른다.

만약 마이너스의 곡률이라면 우주의 끝은 어떻게 되어 있을까? 우주는 팽창하고 있으므로 지구에서 보아 먼 별일수록 맹렬한 속도로 멀어져 가고 있다. 아주 먼 것은 거의 광속에 가까워진다. 광속까지가 우리가 인정할 수 있는 전부이다. 그로부터 앞에 무엇이 있어도 우리에게는 아무런 신호를 주지 않는다. 아니, 아무것도 없다고 말해야 할 것이다. 이것을 우주의 지평선이라 한다.

우주의 움직임

우주의 팽창이 관찰되었기 때문에 우주 이론에서 좋은 부분과 거북한 부분이 생겼다.

좋은 것의 하나에 「올버스의 역설」이 있다. 이것은 1826년에 독일의 천문학자 하인리히 올버스가 지적한 것인데, 만약 우주가 아주 많은 빛을 발하는 항성으로 가득하다면 우주는 언제나 대낮같이 밝아야 한다는 주장이다. 별이 멀면 멀수록 지구에 도달하는 빛은 약해진다. 그러나 먼 공간에는 그보다 별의 수가 많다. 별은 천구(天球)라는 한 장의 구면(球面)에 퍼져 있는 것이 아니다. 우주에는 아주 깊은 깊이가 있으므로 거기에는 별의 수도 훨씬 많다. 정확하게 계산하면 우주공간은 대단히 밝고 온도는 태양 표면과 같은 6,000℃가 되어야 한다. 이것은 당연하다. 6,000℃의 발열체가 있고 주위에 열이 빠질 데가 없으면 주위 전체가 6,000℃가 된다.

　이 모순을 해결하려고 여러 가지 모델이 시도되었는데 이것은 우주의 팽창으로 설명된다. 항성에서 나오는 에너지의 대부분은 팽창한 부분으로 이동하고 지구에는 조금밖에 오지 않는다고 생각하면 된다.

　그러나 팽창우주를 거꾸로 더듬으면 수십억 년(혹은 수백억 년) 전의 옛날에는 아주 작은 것이었다고 인정할 수밖에 없다. 이 시기에는 우주는 굉장히 밀도가 높은 농축물질로 되어 있었다. 그런데 큰 폭발을 일으켜 현재의 팽창우주로 발달해 갔다.

　그러면 그 폭발 훨씬 이전에는 어떻게 되어 있었는가? 우리는 아무것도 모른다. 그보다 이전에 시간이라는 것이 있었는지 어떤지도 분명하지 않다. 마치 우주의 지평선 너머를 생각하는 것과 같다.

　단지 우주 전체가 영원히 팽창할 것인지, 팽창과 수축을 되풀이할 것인지는 우주력(宇宙力)과 중력을 포함한 방정식을 풀게 되면 결과가 나올 것이다. 우주의 전 에너지가 일정 값보다 크면 어디까지나 팽창하겠지만, 작으면 팽창과 수축의 주기운동을 할 것이다. 태양에 가까워지는 행성의 전 에너지(운동 에너지와 위치 에너지의 합)가 플러스라면 쌍곡선을 그리고 날아가 버리겠지만, 마이너스라면 지구처럼 공전운동을 되풀이하는 것과 비슷하다.

　아무튼 우주에 대해서는 미개발 분야가 많다. 여러 가지 모델이나 학설이 있으나 모두 「설」의 영역을 벗어나지 못한다.

기술적으로 사람은 이미 달 표면에 발자국을 남겼지만 우주공
간(물론 시간을 포함하여)을 총괄적으로 설명하는 이론의 실마
리가 밝혀지려면 아직도 먼 것 같다.

에필로그

　예술의 도시 파리의 어느 호텔 방. 사랑을 속삭이는 한 쌍의 남녀가 있다. 창으로는 플라타너스 가로수와 그 너머 멀리 개선문이 보인다. 두 사람에게 파리는 타향이었다. 남자는 저 먼 동쪽 나라에서 태어났고 여자는 서쪽 나라에서 자랐다. 남자도 여자도 언뜻 주고받던 말이 끊겼을 때 상념은 멀리 자신의 과거로 거슬러 올라간다. 좁은 항구의 거리, 더러운 탄광의 뒷골목……. 어부들과 섞여 그물을 끄는 어린이들과 폭파의 무서움에 넋을 잃었던 것이 그들이 지닌 과거의 모습이었다. 그 후 때로는 얼음에 갇히는 북쪽 나라에서, 때로는 샘물도 마르는 열대의 사막에서 외로운 유랑을 거듭하면서 겨우 다다른 곳이 파리였다.

　무슨 목적이 있었는지도 모른다. 어디를 안주(安住)할 땅으로 정하지도 못했다. 아마 본인들도 모를 것이다. 마음 내키는 대로, 발 닿는 대로 간 나그네 길이 두 사람을 파리로 오게 했다. 틀림없는 사실은 두 사람이 어제까지는 스쳐 가는 남남이었다는 것이다. 파리에서의 만남이, 어제까지 경험하지 못한 뜨거움이 두 사람의 마음을 흔들어 놓았다.

　남자는 불쑥 일어나 책상 위에 세계지도를 펼쳤다. 그는 펜을 잡았다. 펜 끝이 동쪽 나라 어떤 곳을 가리켰다. 그가 태어난 곳이었다. 펜은 지도 위를 떠나지 않고 움직였다. 그는 편력의 길을 그려 갔다. 북으로 굽어지고, 남으로 달리고, 때로는 지중해를 건너 아프리카를 헤매고, 다시 이탈리아에 상륙하여 육로로 북을 향해 알프스를 넘어 프랑스 남부를 우회하여 파리로 들어갔다. 여기서 남자는 펜을 놓았다.

다음에 여자가 펜을 잡았다. 처음에 미국의 어느 지방에다 펜 끝을 댔다. 미국의 남부, 서부를 우회한 뒤 동부 해안에서 대서양을 곧바로 건너 포르투갈에 상륙하였다. 한번은 모로코에 건너갔으나 다시 에스파냐로 되돌아와서는 지중해 연안의 발렌시아, 바르셀로나를 거쳐 피레네산맥을 넘었다. 남부 프랑스에서 북부 프랑스로 나와 넓은 포도밭을 건너 파리로 들어왔다.

두 사람은 말없이 지도에 그려진 두 줄기의 곡선을 내려다보았다. 몇 번이나 만나려다 갈린 두 줄기의 복잡한 선은 드디어 파리에서 만났다. 넓은 지구 위에 그려진 가는 선. 그 어느 쪽인가 파리에서 어긋났다면 아마 이 두 선은 영원히 만나지 못했을 것이다. 두 사람은 두 곡선에서 운명이라는 말을 읽고 있을까?

넓은 지구 위에서 두 곡선이 만나는 것은 물론 우연이라고 해도 좋을 것이다. 그러나 두 사람의 만남은 그들이 지도 위에서 보고 있는 것보다도 훨씬 더 우연이라고 해야 하겠다.

지도에 그린 곡선에는 「시간」이라는 요소가 들어 있지 않다. 가령 지구를 평면으로 본다면 사람의 생애는 입체이다. 만약 그것을 그림으로 그린다면 지도와 수직인 방향에 시간축을 만들어야 한다. 눈으로 보는 지도는 인생의 한 단면이다. 유랑의 나그네 길은 한 장의 지도 위를 헤매는 것이 아니고 그 지도 위에 공간적인 곡선이 그려져야 한다. 파리에서 남녀의 만남은 그들이 지금 보고 있는 것보다도 하나 더 높은 차원의 만남이다.

사격에서도 지상의 표적을 쏘는 것보다 하늘을 나는 새를 맞추기가 어렵다. 차원이 높을수록 두 점은 만날 기회가 적어진다. 만남은 갈림의 시각……. 여기서 만난다는 것은 물론 시공간에서의 두 점의 접근이다. 그만큼 「우연」이라는 요소가 강조된다. 사람의 「만남」을 기하학으로 번역하면 공간과 시간을 포함시킨 4차원 안에서 생각되어야 한다.

　─어느 밤 어느 길모퉁이. 소매를 잡힌 사나이가 고개를 돌려 여자의 얼굴을 보았다.

　「앗!」

하고 두 사람의 입에서 동시에 외마디 소리가 나왔다. 낯익었다. 그도 그럴 것이 둘은 옛날에 청순한 사랑을 속삭이며 젊은 날의 하루하루를 행복하게 지낸 남자와 여자였다.

　낭패한 빛을 띤 여자는 순간 제정신이 들자 황급하게 달아났다. 남자는 잠자코 그녀를 보냈다. 그 얼굴빛의 복잡함.

　어느 소설가는 이것을 가장 짧은 소설이라고 했다. 이만한 서술 속에 소설로서 필요한 최소한의 요소가 짜여 있다고 하였다. 젊은 날의 두 사람을 청순하다는 한 마디로 표현하였다. 그 후 남녀의 경과는 반드시 설명을 필요로 하지 않는다. 재회 당시 여성의 입장만을 쓰면 된다.

　이 이야기를 시공간적인 표현을 써서 나타내면 다음과 같다. 과거에서 극히 가까운 두 점을 시간축에 따라 추적해 가면 두 점은 일단 나눠졌으나 다시 가까운 위치에 모였다. 이야기의 흥미는 사건의 우연성에 있다. 이때 드라마는 단순한 두 곡선의 재회가 아니다. 특히 한쪽(많은 경우 여성)의 사회적인 상태에 심한 변화가 있으면 있을수록 읽는 사람의 마음에 호소하는 힘이 크다. 런던의 워털루 브리지에서 만난 군인과 무용수의 이야기를 그린 영화 「애수(哀愁)」가 유명한데, 이 소설도 이런 이야기의 전형이다.

두 남녀의 만남을 다루어 서로 어긋나는 수법을 써서 독자를 매혹하는 이야기는 많다. 「어긋남」이란 시공간에서 2개의 곡선이 만날 것 같으면서 만나지 않는 상태를 말한다. 약간의 거리차가 점의 충돌을 방해하고 있다.

이렇게 생각하면 픽션이든 현실에서 일어난 일이든 공간과 시간이 상당히 공통의 구실을 하고 있다는 것을 알 수 있다. 우리는 지금까지 「4차원 세계」를 생각해 왔다. 그리고 네 번째 좌표축으로서는 시간을 채용하였다. 형식적인 설정이 아니고 물리학적인 근거에서 시간이라는 것은 당연히 도입되어야 할 차원의 하나라고 얘기해 왔다. 그러나 물리학적인 이론을 내세우지 않고 일상생활을 보기만 해도 시간이 공간과 마찬가지로 중요한 요소가 되는 것에 수긍이 간다.

이제는 달 여행도 가능해졌다. 즉, 지구를 중심으로 하여 달까지의 거리는 이미 사람의 힘으로 정복되었다고 해도 된다. 그러나 누구나 일상다반사로서(즉 경제적 조건도 포함하여) 달에 가게 되는 것은 아직 먼 앞날의 이야기일 것이다. 보통의 의미에서 사람이 활동할 수 있는 범위는 일단 지구의 표면으로 한정된다.

살아가기 위한 물질의 생산도, 휴식도, 레저도 거의 지구 표면에서 이루어진다. 이 지구는 사람에게 너무 넓은가, 좁은가?

생활하기 위한 활동 범위의 넓고 좁음은 결국 1m 남짓한 사람의 크기에 대하여 비교해야 할 것이라고 생각한다. 그리고 지구의 넓고 좁음은 견해의 차이에 따라 다르겠지만 일단 견딜 만한 크기라고 생각되는데 어떨까? 공간적인 의미가 아니고도 소비 물질의 다소에서 보아도 견딜 만하지 않을까? 얼핏 듣건 대 석유의 매장량은 앞으로 몇십 년분이라고도 한다. 그러나 사람의 지혜는 핵분열에 의한 에너지를 해방하고 핵융합에 의 한 에너지의 개발을 연구하는 중에 있다. 태양에서 받는 복사 에너지의 절대량에 대해서도 우리 인간이라는 생물이 살기에 지구는 알맞은 크기라고 생각한다면 다소 소극적인 생각이라 비난받게 될까?

시간적으로도 인간의 평균 수명은 70살 남짓, 의학의 진보와 더불어 늘어났다고 해도 엄청나게 길어진 것은 아니다. 70살 남짓이면 다음 세대를 만드는 데 충분하며, 다음다음 세대와 같이 살 수도 있다(즉 할아버지와 손자가 같이 산다). 사람의 생애에 이만큼의 시간 폭이 있으면 그다지 불평도 못 할 듯한 느낌이 든다. 어떤 일을 일단락 짓는 것을 한 시간이라고 하면, 이 일단락은 한 생애 안에서 몇만 번도 있을 수 있다. 길이에 대해서는 신장이라는 하나의 기준이 있지만 인간의 시간 단위 를 설정하는 데는 정견(定見)이 없다. 그 일의 성질에 따라 무 엇을 기준으로 하는지는 의견이 갈린다. 욕심이 없다고 생각하 겠지만 현재의 평균 수명이 적당하지 않을까? 5세대나 6세대가 공존한다면 어쩐지 부자연스러울 것 같다.

이상은 「인간」을 중심으로 한 공간과 시간에 대한 감상이다. 그러나 밤하늘을 쳐다보면 몇만 광년이나 떨어진 먼 별을 볼 수 있다. 육안으로 봐도 몇천 개의 별이 반짝인다. 이들은 실은 지구보다 큰 천체이다. 이 우주공간에서 한 줌이 은하계이며 그 끝에 태양계가 있고 또 그 일부가 지구이다. 그 안의, 한 나라 안의, 한 구석에서 정치적 싸움이나 교통사고가 일어나고 있다. 대인관계의 알력이나 가정 안에서의 불화도 자기에게는 중대사이겠지만 우주적 척도로 보면 아무것도 아니다.

우주의 위대함은 공간뿐만 아니라 시간에서 역시 그렇다. 시간축은 닫힌 것인가, 열린 것인가는 본문에서 얘기한 대로 애매하지만 어쨌든 과거로부터 미래로 영구히 흐르는 것이다. 길다고 느껴지는 인간 생애는 구우일모(九牛一毛)이다. 절대적이라고 생각한 것이 어느새 송두리째 바뀌는 것은 다소라도 오래 산 사람이 보아 온 터이다. 극히 짧은 시간 동안의 정치적, 사회적, 인간적 불합리 때문에 사람은 전력을 다하여 싸운다. 그러나 우주는 그런 것은 모르는 체하고 시간을 새겨 가고 있다.

우주를 보고 그 넓이에 놀란다면 시간의 흐름의 유구함에도 경외하는 마음으로 접해야 할 것이다.

역자 후기

　원래 책이란 두 가지 목적에서 쓰이는 것이 아닌가 생각된다. 첫째는 자신의 지식을 정리하는 데 있고, 둘째는 남이 읽게 하는 데 있을 것이다. 내가 이 책을 읽게 된 동기는 제목에 유혹된 것도 있었지만 그것보다도 알고 싶었던 것이었다. 그러나 다 읽고 난 지금도 전에 가진 의문보다 더 심각한 고민(?)에 빠지게 되었음을 어찌하랴.

　자연에 관한 한 시작도 애매하고 끝도 없는 것 같다. 「Open End」라는 말이 생각난다. 우리 이야기도 이제 겨우 열렸을 뿐인데, 끝이 난 것인지 정말 끝맺음이 있을 것인지조차 판단하기 어렵게 되었다.

　일상용어에 진리라는 말이 많이 쓰인다. 우주는 참으로 어떻게 되어 있을까? 우리의 진리 탐구를 향한 합리적인 추궁은 정말 끝이 있는 것인가?

　예전엔 아는 것이 힘인 줄만 알았다. 그것도 사실이겠지만 그보다도 앞으로의 시간을 더 알려고 노력하고 전진하는 행위만이 더욱 우리의 인생을 빛나게 할 것 같다. 문자나 예술이 인간의 삶을 풍요롭게 한다면 과학이나 종교는 인간의 삶 자체를 의미 있게 하는 것이 아닐까?

　이 책을 읽은 여러분과 나는 4차원 시공간에서 만나게 될 것이다.

김명수(金明壽)

4차원의 세계

초공간에서 상대성이론까지

초판 1쇄 1979년 01월 15일
개정 1쇄 2017년 07월 31일

지은이 쓰즈키 다쿠지
옮긴이 김명수
펴낸이 손영일
펴낸곳 전파과학사
주소 서울시 서대문구 증가로 18, 204호
등록 1956. 7. 23. 등록 제10-89호
전화 (02)333-8877(8855)
FAX (02)334-8092
홈페이지 www.s-wave.co.kr
E-mail chonpa2@hanmail.net
공식블로그 http://blog.naver.com/siencia

ISBN 978-89-7044-586-1 (03420)
파본은 구입처에서 교환해 드립니다.
정가는 커버에 표시되어 있습니다.

도서목록

현대과학신서

도서목록
BLUE BACKS